中等职业教育专业技能课教材

中等职业教育中餐烹饪专业系列教材

中式烹调综合实训

ZHONGSHI PENGTIAO ZONGHE SHIXUN（第2版）

主　　编　张延波

副主编　顾伟强　王建明

参　　编　于本清　于　斌

重庆大学出版社

内容提要

本书共分为 5 个模块,分别是:中式厨房认知、烹饪原料初步加工、基本功训练、冷菜出品训练和热菜出品训练。本书贯穿现代餐饮企业完整的厨房岗位训练内容,注重教学训练目标和要求与餐饮企业接轨,适应市场发展的需求,体现烹饪新知识、新技术、新工艺、新方法的要求,具有较强的实用性和可操作性,符合中等职业教育的需要。本书可作为中等职业学校中餐烹饪专业教材,也可作为烹饪技术人员的培训教材,同时可供广大烹饪爱好者使用。

图书在版编目(CIP)数据

中式烹调综合实训 / 张延波主编. -- 2 版. -- 重庆:
重庆大学出版社,2021.7
中等职业教育中餐烹饪专业系列教材
ISBN 978-7-5624-9198-9

Ⅰ.①中⋯ Ⅱ.①张⋯ Ⅲ.①中式菜肴-烹饪-中等
专业学校-教材 Ⅳ.①TS972.117

中国版本图书馆 CIP 数据核字(2021)第042389号

中等职业教育专业技能课教材
中等职业教育中餐烹饪专业系列教材

中式烹调综合实训
(第 2 版)

主　编　张延波
副主编　顾伟强　王建明
责任编辑:史　骥　王智军　　版式设计:史　骥
责任校对:谢　芳　　　　　　责任印制:张　策

*

重庆大学出版社出版发行
出版人:饶帮华
社址:重庆市沙坪坝区大学城西路 21 号
邮编:401331
电话:(023)88617190　88617185(中小学)
传真:(023)88617186　88617166
网址:http://www.cqup.com.cn
邮箱:fxk@cqup.com.cn(营销中心)
全国新华书店经销
重庆升光电力印务有限公司印刷

*

开本:787mm×1092mm　1/16　印张:14.75　字数:371 千
2015 年 8 月第 1 版　2021 年 7 月第 2 版　　2021 年 7 月第 5 次印刷
印数:12 001—15 000
ISBN 978-7-5624-9198-9　定价:59.00 元

中等职业教育中餐烹饪专业系列教材
主要编写学校

北京市劲松职业高级中学

北京市外事学校

上海市商贸旅游学校

上海市第二轻工业学校

广州市旅游商务职业学校

江苏旅游职业学院

扬州大学旅游烹饪学院

河北师范大学旅游学院

青岛烹饪职业学校

海南省商业学校

宁波市古林职业高级中学

云南省通海县职业高级中学

安徽省徽州学校

重庆市旅游学校

重庆商务职业学院

出版说明

2012 年 3 月 19 日教育部职成司印发《关于开展中等职业教育专业技能课教材选题立项工作的通知》（教职成司函〔2012〕35 号），我社高度重视，根据通知精神认真组织申报，与全国 40 余家职教教材出版基地和有关行业出版社积极竞争。同年 6 月 18 日教育部职业教育与成人教育司致函（教职成司函〔2012〕95 号）重庆大学出版社，批准重庆大学出版社立项建设中餐烹饪专业中等职业教育专业技能课教材。这一选题获批立项后，作为国家一级出版社和教育部职教教材出版基地的重庆大学出版社珍惜机会，统筹协调，主动对接全国餐饮职业教育教学指导委员会（以下简称"全国餐饮行指委"），在编写学校邀请、主编遴选、编写创新等环节认真策划，投入大量精力，扎实有序推进各项工作。

在全国餐饮行指委的大力支持和指导下，我社面向全国邀请了中等职业学校中餐烹饪专业教学标准起草专家、餐饮行指委委员和委员所在学校的烹饪专家学者、一线骨干教师，以及餐饮企业专业人士，于 2013 年 12 月在重庆召开了"中等职业教育中餐烹饪专业立项教材编写会议"，来自全国 15 所学校 30 多名校领导、餐饮行指委委员、专业主任和一线骨干教师参加了会议。会议依据《中等职业学校中餐烹饪专业教学标准》，商讨确定了 25 种立项教材的书名、主编人选、编写体例、样章、编写要求，以及配套教电子学资源制作等一系列事宜，启动了书稿的撰写工作。

2014 年 4 月为解决立项教材各书编写内容交叉重复、编写体例不规范统一、编写理念偏差等问题，以及为保证本套立项教材的编写质量，我社在北京组织召开了"中等职业教育中餐烹饪专业立项教材审定会议"。会议邀请了时任全国餐饮行指委秘书长桑建先生、扬州大学旅游与烹饪学院路新国教授、北京联合大学旅游学院副院长王美萍教授和北京外事学校高级教师邓柏庚组成审稿专家组对各本教材编写大纲和初稿进行了认真审定，对内容交叉重复的教材在编写内容划分、表述侧重点等方面作了明确界定，要求各门课程教材的知识内容及教学课时，要依据全国餐饮行指委研制、教育部审定的《中等职业学校中餐烹饪专业教学标准》严格执行，配套各本教材的电子教学资源坚持原创、尽量丰富，以便学校师生使用。

本套立项教材的书稿按出版计划陆续交到出版社后，我社随即安排精干力量对书稿的编辑加工、三审三校、排版印制等环节严格把关，精心安排，以保证教材的出版质量。此套立项教材第 1 版于 2015 年 5 月陆续出版发行，受到了全国广大职业院校师生的广泛欢迎及积极选用，产生了较好的社会影响。

在此套立项教材大部分使用 4 年多的基础上，为适应新时代要求，紧跟烹饪行业发展趋势和人才需求，及时将产业发展的新技术、新工艺、新规范纳入教材内容，经出版社认真研究于 2020 年 3 月整体启动了此套教材的第 2 版全新修订工作。第 2 版修订结合学校教材使用反馈情况，在立德树人、课程思政、中职教育类型特点，以及教材的校企"双元"合作开发、新形态立体化、新型活页式、工作手册式、1+X 书证融通等方面做出积极探索实践，并始终坚持质量第一，内容原创优先，不断增强教材的适应性和先进性。

在本套教材的策划组织、立项申请、编写协调、修订再版等过程中，得到教育部职成司的信任、全国餐饮职业教育教学指导委员会的指导，还得到众多餐饮烹饪专家、各参编学校领导和老师们的大力支持，在此一并表示衷心感谢！我们相信此套立项教材的全新修订再版会继续得到全国中职学校烹饪专业师生的广泛欢迎，也诚恳希望各位读者多提改进意见，以便我们在今后继续修订完善。

重庆大学出版社

2021 年 7 月

前 言

（第 2 版）

　　《中式烹调综合实训》一书，是全国餐饮职业教育教学指导委员会制定的《中等职业学校中餐烹饪专业教学标准》中的中式烹调方向的专业课程教材。本书以全国餐饮职业教育教学指导委员会制定的中等职业学校中餐烹饪专业《中式烹调综合实训课程标准》为依据，以烹饪专业理论知识为出发点，密切与餐饮企业和市场接轨，通过介绍现代餐饮厨房的岗位分工、勺工及刀工等基本功训练，把各地区的传统特色菜品和在酒店经营效益好的创新菜品作为重点任务加以综合训练指导，体现了传承与创新，旨在用科学的、先进的、有效的方法指导学生掌握专业技能训练标准，使学生学到最前沿的知识和技能，学有所用，提高学生的综合素质，注重与职业资格技能鉴定内容相衔接，同时也为专业教师讲授技能训练课程提供依据和标准。

　　《中式烹调综合实训》在出版发行后，受到烹饪院校师生和烹饪工作者的广泛好评，他们给予我们很大的肯定和支持，已印刷 4 次，在此对重庆大学出版社周到的专业出版服务和广大读者对本书的喜爱表示衷心的感谢！

　　随着国家职业教育改革发展的不断深入，专业教学改革的步伐也日趋加快，新知识、新理念、新食材、新工艺也不断涌现，为给广大职业院校师生和烹饪爱好者提供与时俱进、最前沿的教材，我们决定重新修订《中式烹调综合实训》。

　　本次修订，重点对本书的模块 1、模块 2 和模块 5 进行了部分调整：模块 2 烹饪原料初步加工，增加了干活原料的涨发、龙虾和软体头足类的初步加工部分；模块 4 冷菜出品训练，将原来的以烹调方法分类调整为以原料性质分类，并增加了 38 道旺销冷菜品种的训练；模块 5 热菜出品训练，增加了 76 道旺销菜品和基本功菜品。除此之外，还有字句上的更正。通过以上内容的修订，本书更能满足国家对职业教育改革的要求、提高技能训练的质量，更加适应现代餐饮业的发展需求。

　　本书第 2 版的修订由青岛烹饪职业学校高级教师张延波（现在中国烹饪协会名

厨委员会任职）担任主编，上海市第二轻工业学校校企合作办公室主任高级教师顾伟强、青岛酒店管理技术学院烹饪学院院长王建明担任副主编，青岛烹饪职业学校专业教师于本清、于斌担任参编。具体分工是：序言和模块 1 由张延波修订，模块 2 由于斌修订，模块 3 由于本清修订，模块 4 由于斌、于本清修订，模块 5 由于本清、张延波修订。全书由张延波总纂，顾伟强、王建明对本书进行审稿。

本书在修订过程中，得到了全国餐饮职业教育教学指导委员会、重庆大学出版社有关领导、编辑的大力支持，同时还参考了同类专业书籍以及相关专家、教授的著作，在此一并表示衷心的感谢！

编　者

2021 年 3 月

前言

（第1版）

　　《中式烹调综合实训》是全国餐饮职业教育教学指导委员会制定的《中等职业学校中餐烹饪专业教学标准》中的中式烹调方向的专业课程教材。本书以全国餐饮职业教育教学指导委员会制定的中等职业学校中餐烹饪专业《中式烹调综合实训课程标准》为依据，以烹饪专业理论知识为出发点，密切与餐饮企业和市场接轨，通过介绍现代餐饮厨房的岗位分工、勺工及刀工等基本功训练，把各地区的传统特色菜品和在酒店经营效益好的创新菜品作为重点任务加以综合训练指导，体现了传承与创新，旨在用科学的、先进的、有效的方法指导学生掌握专业技能训练标准，使学生学到最前沿的知识和技能，学有所用，提高学生的综合素质，注重与职业资格技能鉴定内容相衔接，同时也为专业教师讲授技能训练课程提供依据和标准。

　　本书由青岛烹饪职业学校高级教师张延波担任主编，上海市第二轻工业学校校企合作办公室主任高级教师顾伟强、青岛酒店管理技术学院烹饪学院院长王建明担任副主编，青岛烹饪职业学校专业教师于本清、于斌、麻忠群、付东翔担任参编。具体分工是：模块1由麻忠群编写，模块2由于斌编写，模块3由于本清编写，模块4由于斌、张延波编写，模块5由付东翔、于本清编写。全书由张延波总纂，顾伟强、王建明对本书进行审稿。

　　本书在编写过程中，得到了全国餐饮职业教育教学指导委员会，扬州大学路新国教授，北京市外事学校邓伯庚主任，重庆大学出版社有关领导、编辑的大力支持，同时还参考了同类专业书籍以及相关专家、教授的著作，在此一并表示衷心的感谢。

　　由于编者水平有限，书中难免存在不妥与错误之处，恳请各位专家及广大读者批评指正，以便再版时修订。

编　者

2015 年 5 月

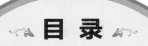

目录

contents

目录

contents

目录

contents

目录

contents

序言

　　《中式烹调综合实训》是结合烹饪专业理论课程内容、综合技能训练项目编制而成的，为专业教师讲授技能训练课提供了依据和标准。为了使学生在技能实训前做好思想、行动和意识上的充分准备，提高职业素养，我们在序言部分着重介绍了工装、工帽的正确穿戴，油温的鉴别，烧烫伤的简单处理和安全应急预案，以加强安全、规范的操作意识。

[着装要求]

着装符合规定要求，穿戴整齐，不得缺漏，双手不得佩戴饰品。		
厨师帽	厨师帽干净整洁，前额头发不能露出帽檐，只露两鬓短发，女生长发收拢于厨师帽中或盘起	
厨师服（上装）	厨师服合体，干净整洁，无褶皱，纽扣扣齐	
围　裙	在厨师服外面，腰间位置系牢，不得松垮、下坠	
裤装（下装）	穿能遮盖住脚踝的宽松长裤，不得穿短裤	
鞋	不得穿拖鞋、凉鞋、高跟鞋，应穿舒适、防滑的鞋子	

[安全卫生]

　1. 制订实训课的安全应急预案。

　2. 检查实习教室设备、水、电、气的安全运行情况并做记录。

　3. 遵守纪律，听从指挥，不准嬉戏、打闹、大声喧哗。

　4. 专人负责刀具的发放与保管。

　5. 按照规范进行切配，节约原料。

6. 按照规范使用灶具，不得随意开启各种阀门开关。

7. 炉火熄灭时应第一时间快速关闭气阀。

8. 训练时保持个人操作台面、周边地面的洁净。

9. 器具使用后及时清洁，放回原处。

10. 划片分工负责实训教室的公共区域卫生。

11. 课后检查实训教室的卫生和设备的使用、关闭情况并做记录。

[烧烫伤处理]

受伤较轻	不要用手搓揉，保持烧烫伤处表皮完整→快速用冷水冲洗烧烫伤处10分钟
受伤略重	不要用手搓揉，保持烧烫伤处表皮完整→报告老师→同时快速先用冷水冲洗烧烫伤处10分钟→在烧烫伤处涂抹药膏
受伤严重	不要用手搓揉，尽量保持烧烫伤处表皮完整→报告老师→同时快速涂抹药膏、敷冰袋，先去医务室进行简单处理→由他人陪同一起去医院治疗

[刀伤处理]

受伤较轻	先用清水洗净伤口→用洁净的毛巾或纸巾擦干水分→将创可贴贴于伤口处止血
受伤较重	将手臂上举高于心脏，捏住受伤手指根部两侧→报告老师，去医务室治疗
受伤严重	将手臂上举高于心脏，捏住受伤手指根部两侧→报告老师，先去医务室进行简单处理→由他人陪同一起去医院治疗

[食用油温度区间值]

正常情况下，食用油的油温最高可达300℃。油温共分10成，每成油温约30℃，通常所说的油温程度指的是每成油温的最高温度。

1 成油温	2 成油温	3 成油温	4 成油温	5 成油温
0 ~ 30℃	30 ~ 60℃	60 ~ 90℃	90 ~ 120℃	120 ~ 150℃
6 成油温	7 成油温	8 成油温	9 成油温	10 成油温
150 ~ 180℃	180 ~ 210℃	210 ~ 240℃	240 ~ 270℃	270 ~ 300℃

模块 1

中式厨房认知

训练目标

◇学习本模块可以使学生了解餐饮业酒店人员的组织结构，明确中式厨房的基本工作流程和具体的岗位分工，认识并正确掌握设施设备的使用方法，熟知操作过程中相关的安全规范，注重饮食卫生和个人卫生，为学生继续学习和适应餐饮业的发展奠定基础。

训练内容

◇项目1　酒店人员组织结构
◇项目2　中式厨房岗位分工
◇项目3　中央厨房
◇项目4　中式厨房常用设备

◇作为一名合格的厨师，必须了解酒店人员的组织结构，明确中式厨房的岗位分工和基本工作流程，熟练使用厨房中常用的设施设备，按照标准要求完成日常的工作任务。同时，还要具备与时俱进的学习能力，掌握新设备的使用方法，在理解、熟悉的基础上力求突破与创新。

项目 1　酒店人员组织结构

[项目导入]

　　中式餐饮行业包括酒店、饭店、酒楼、快餐店、小吃店等多种经营形式，人员的组成各不相同。要根据各自的具体情况和实际需要，组建适合自身经营发展的人员组织结构。

[项目要求]

　　1. 了解酒店人员的行政机构。

　　2. 提高工作协调能力。

　　3. 培养团队合作的意识。

任务 1　酒店人员行政组织结构

[任务解说]

　　了解酒店人员行政组织结构，对协调工作和发展自身、培养良好的团队合作意识，有着非常积极的作用。

[任务要求]

　　1. 了解酒店人员行政组织结构。

　　2. 培养良好的团队合作意识。

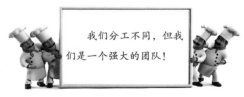

我们分工不同，但我们是一个强大的团队！

[任务实施]

　　酒店组织结构如下所示：

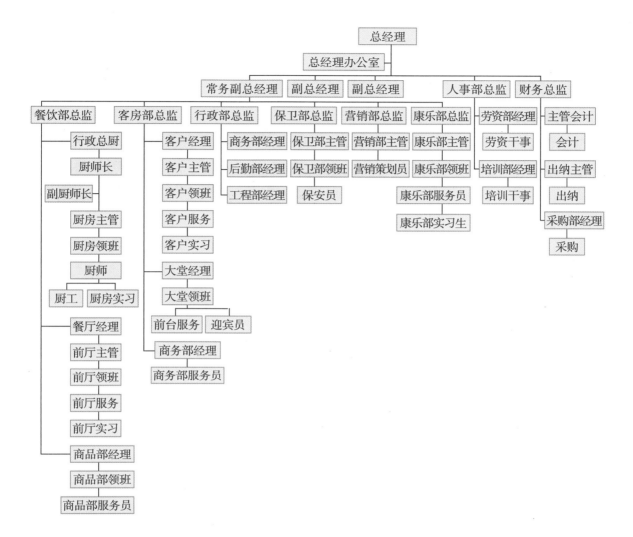

[训练过程评价参考]

问 题	回 答	为什么	学生评价	教师评价
你的岗位目标？				
你怎样看待团队合作？				

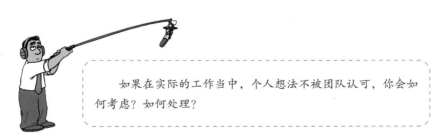

如果在实际的工作当中，个人想法不被团队认可，你会如何考虑？如何处理？

项目 2　中式厨房岗位分工

[项目导入]

　　厨房各岗位都承担着重要职能，职责分工明确，应协同合作。

[项目要求]

　　1. 了解中式厨房岗位分工。

　　2. 培养团队合作的意识。

任务 1　冷菜厨房岗位

[任务解说]

　　冷菜厨房主要负责冷菜的出品，无论环境卫生还是菜品卫生都是极为重要的，应高度重视。首先要了解酒店冷菜厨房各岗位的分工及工作内容，明确工作流程和职责要求。

[任务要求]

　　1. 明确冷菜厨房岗位分工。

　　2. 熟悉冷菜厨房工作内容。

　　3. 掌握冷菜厨房岗位的职责要求。

[任务实施]

　　1）冷菜厨房岗位的分工及具体工作内容

　　（1）加工烹制

　　加工烹制主要负责凉菜中热制冷吃、冷制冷吃等需要提前加工食材的全过程。

　　（2）酱卤、烧腊

　　酱卤、烧腊主要负责凉菜中的酱、卤制品、烤制品，如烤乳猪、叉烧、烤鸭、腊鸡、腊鸭等品种的制作及出品。

（3）出品

出品主要负责提前加工菜肴和现点现制菜肴的改刀、拌制、盛装、造型、点缀、刺身制作以及明档制作等成品工序。

（4）果品

果品主要负责宴会和零点的果盘以及食品雕刻的制作。

2）冷菜厨房岗位的工作流程

晨会 ——→ 清扫卫生 ——→ 领料 ——→ 解冻 ——→
择洗 ——→ 改刀整形 ——→ 腌制 ——→ 熟制 ——→ 储存
——→ 改刀 ——→ 调味 ——→ 装盘 ——→ 装饰 ——→ 出品
——→ 清扫卫生 ——→ 清点库存 ——→ 填写采购计划。

3）冷菜厨房岗位的职责要求

①负责凉菜的制作和出品，保证所出菜品色、香、味、形、器、质、养俱佳。

②根据预订的安排，准备原料及用具，负责所用厨具、设备的维护保养。

③负责凉菜的储藏和保管，综合利用原材料，做到物尽其用，减少损耗，降低成本。

④有较强的独立工作能力，根据酒店菜单调整计划安排，研究并制作新的凉菜品种。

⑤严格执行《中华人民共和国食品安全法》(以下简称《食品安全法》)，防止食品污染，厨具定期消毒，使用时必须生熟分开。

⑥负责工作区域卫生，保持工作场所的整洁、卫生、安全，随时保持个人卫生。

⑦工作结束后，关闭水、电、煤气等开关，做好节约和安全工作。

[训练过程评价参考]

问 题	回 答	为什么	学生评价	教师评价
你喜欢冷菜厨房岗位吗？				
你怎样看待冷菜厨房岗位在厨房中的地位？				

说一说，冷菜厨房岗位的分工及具体工作内容各是什么？

🧁 任务2 热菜厨房岗位

[任务解说]

热菜厨房主要负责热菜的出品。首先应了解酒店热菜厨房各岗位的分工、具体工作内容、工作流程和职责要求。

[任务要求]

1. 明确热菜厨房岗位分工。

2. 熟悉热菜厨房工作内容。

3. 掌握热菜厨房各岗位的职责要求。

[任务实施]

热菜厨房是加工制作、出品热菜的场所。热菜制作程序与冷菜不同，一般多是提前加工成半成品，出餐时再进行进一步烹调，达到食用要求后装盘。

1）炒锅（炉灶）

炒锅，行业里通常称为"炉灶"或"站灶"，主要负责菜肴的熟制和调味，按照要求运用不同的烹调方法制作菜肴，对热菜菜肴质量的好坏起着决定性的作用。现代厨房可细分为炒锅、炸锅、烧鱼、小炒、汤锅等岗位。

（1）工作流程

晨会 —→ 清扫卫生 —→ 领料 —→ 兑料 —→ 加工复合调料、酱料 —→ 烹制菜肴 —→ 清扫卫生 —→ 清点库存 —→ 填写领料、采购计划。

（2）职责要求

①服从厨师长日常工作安排。

②配合厨师长组建菜单，改进技术，研发新菜品。

③做好餐前准备工作，按规定调制菜单上菜肴所需的酱料、味汁。

④合理用料，节约能源，降低成本，杜绝浪费。

⑤负责工作区域的卫生，确保墙面、台面、地面、调料车、冰箱的整洁，物品摆放整齐、无杂物，冰箱里的食材要标明存放日期，随时检查，避免造成浪费。

⑥熟练运用各种烹调方法，严格执行操作规程，

保证菜品质量。

⑦负责工作区域内的设备及厨具的维护保养。

2）打荷

打荷主要负责清洁台面、准备餐具、分派菜肴、挂糊兑料、熟后改刀、辅助装盘、点缀装饰、搭配酱汁、传送成品等辅助性工作。

（1）工作流程

晨会——→清扫卫生——→准备餐具——→领料——→装饰餐具——→分派菜肴——→挂糊、添加酱料——→熟后改刀成型——→辅助装盘——→点缀装饰——→搭配酱汁——→传送菜品——→清扫卫生——→填写领料计划。

（2）职责要求

①提前为烹制好的菜肴准备适当的器皿，并保持整洁。

②按上菜和出菜顺序及时传送完成切配的半成品。

③辅助炉灶师傅，做好挂糊、所需酱料的添加及改刀工作。

④配合炉灶师傅出菜，保证菜肴整洁美观，并完成烹制后的美化工作。

⑤严格遵守食品卫生制度，杜绝不安全、不卫生的菜肴上桌。

⑥随时保持工作区域卫生和个人卫生。

⑦服从厨师长日常工作安排，完成上级交办的其他工作。

3）配菜（砧板）

配菜，习惯叫法为"砧板"或"站墩"，主要负责主料的精细改刀加工、腌制，料头、配料的改刀加工，以及所有热菜菜肴的配制工作。

（1）工作流程

晨会——→清扫卫生——→领料——→择洗——→切制料头（辅料、小料）——→腌制——→分类储存——→精细加工改刀——→配置菜肴——→清扫卫生——→清点库存——→填写领料计划、加工计划。

（2）职责要求

①服从厨师长日常工作安排，完成上级交办的其他工作。

②做好餐后原材料的申购工作，保证次日需要的原材料充足。

③妥善管理冰箱，保持原材料的新鲜度。定期清理，做到先进先出、不浪费。

④按标准配菜，确保每道菜肴的色、型、量搭配合理，控制好毛利率。

⑤搞好收尾工作，确保案板卫生，墙面、地面、台面清洁，物品摆放整齐。

⑥熟悉刀法，对原材料合理改刀，合理安排下脚

料的使用，杜绝浪费，做到物尽其用，降低成本。

4) 上杂（上闸、上什）

上杂，又称为"上闸"或"上什"，主要负责蒸箱、烤箱、干货涨发、吊汤炖品、煲仔砂锅、半成品加工等工作，技术含量较高。

（1）工作流程

晨会 ⟶ 清扫卫生 ⟶ 领料 ⟶ 吊汤、炖品 ⟶ 干货涨发、半成品加工 ⟶ 菜肴的蒸制、烤制、微波、煲仔、砂锅制作 ⟶ 清扫卫生 ⟶ 清点库存 ⟶ 填写采购计划、领料计划。

（2）职责要求

①负责熬上汤和掌握蒸、煲、烤、炖、扣碗等技术的操作和菜品出品。

②负责涨发干货（包括鲍鱼、海参、鱼翅、鱼肚、燕窝、干贝等）。

③做好成品、半成品的保管工作。

④每天向厨师长汇报当日炖品、扣品的剩余量。

⑤负责打扫本区域卫生，关好水、电、气等开关。

⑥服从厨师长日常工作安排，完成上级交办的其他工作。

5) 客前烹制

客前烹制，是在就餐客人面前直接对原料进行加工，集"烹调、演示、服务"于一身，是一种能够增加就餐气氛、提高宴会档次的服务方式。

（1）工作流程

晨会 ⟶ 清扫卫生 ⟶ 领料 ⟶ 布置展台 ⟶ 准备器具 ⟶ 为客人展示 ⟶ 引导客人点餐 ⟶ 原料初加工 ⟶ 客前烹制（边制作边讲解） ⟶ 清扫卫生 ⟶ 清点库存 ⟶ 填写采购计划、领料计划。

（2）职责要求

①提前准备好烹饪设备、厨具、盛器。

②按要求准备加工好的菜肴半成品、配菜以及各种调味品。

③熟知所烹制原料的相关知识和制作方法。

④语言表达能力强，能和客人进行良好的沟通，控制气氛。

⑤动作娴熟美观，行为得体大方，服装干净整洁。

⑥服从厨师长日常工作安排，完成上级交办的其他工作。

问　题	回　答	为什么	学生评价	教师评价
你喜欢热菜制作吗？				
你喜欢热菜制作的哪个岗位？				
你怎样看待热菜厨房岗位在厨房中的地位？				

任务3　基础厨房岗位

[任务解说]

基础厨房主要负责烹饪原料的初步加工。首先要了解基础厨房各岗位的分工和具体工作内容，以及工作流程和职责要求。

[任务要求]

1. 明确基础厨房的岗位分工。
2. 熟悉基础厨房的工作内容。

[任务实施]

1）蔬菜加工

蔬菜加工主要负责新鲜蔬菜原料的加工，去掉原料老叶、黄叶、筋、皮以及其他不用的部分，洗净晾干，以备切配之用。

（1）**工作流程**

晨会 ──→ 清扫卫生 ──→ 领料 ──→ 摘叶、去皮 ──→ 清洗 ──→ 分类储存 ──→ 清扫卫生 ──→ 清点库存 ──→ 填写领料计划、采购计划。

（2）**职责要求**

①认真整理和洗净各类蔬菜，保证无虫、无泥、无其他杂质。

②各类蔬菜分类摆放，并沥干水分。

③保持洗菜间的清洁卫生。

④合理加工，减少浪费。

⑤服从厨师长日常工作安排，完成上级交办的其他工作。

2）初加工

初加工主要负责原材料基础成型的改刀加工、腌制上浆、储存保管。

（1）**工作流程**

晨会 ──→ 清扫卫生 ──→ 领料 ──→ 解冻 ──→ 加工切制

──→分类储存──→清扫卫生──→清点库存──→填写领料计划、采购计划。

（2）职责要求

①根据配菜的要求加工原料。

②将加工后的原料腌制上浆，妥善保管。

③具备熟练的刀工，合理加工原材料，提高原材料的净料率，减少浪费。

④清洁及保管好工具，保持加工间的清洁卫生。

⑤服从厨师长日常工作安排，完成上级交办的其他工作。

3）水台

水台主要负责动物性原料的宰杀、去鳞、煺毛、去壳、清洗、初加工。

（1）工作流程

晨会──→清扫卫生──→原材料的宰杀、去鳞、去内脏、清洗、去壳、改刀加工──→清扫卫生

（2）职责要求

①懂得常用家禽，海、河、江鲜初步的宰杀加工程序。

②做好水台岗周围的清洁卫生。

③加工方法正确合理，必须符合菜肴后期的加工烹制要求。

④服从厨师长日常工作安排，完成上级交办的其他工作。

[训练过程评价参考]

问　题	回　答	为什么	学生评价	教师评价
你喜欢基础厨房的哪个岗位？				
你怎样看待基础厨房岗位在厨房中的地位？				

🧁 任务 4　面点厨房岗位

[任务解说]

面点厨房主要负责点心和面食的出品。首先应了解面点厨房各岗位的分工和具体工作内容，明确工作流程和职责要求。

[任务要求]

1. 明确面点厨房岗位分工。

2. 熟悉面点厨房工作内容。

3. 掌握面点厨房的职责要求。

[任务实施]

1）中式面点岗位的具体工作内容及职责

中式面点主要分为面食和点心两大部分。大多数点心都是提前做好，出品时直接装盘上桌，只有少数需要加热；面食大部分需要现点现制，趁热上桌。

（1）工作流程

晨会 ⟶ 清扫卫生 ⟶
领料 ⟶ 食品制作 ⟶ 现点
现制 ⟶ 分类储存 ⟶ 清扫
卫生 ⟶ 清点库存 ⟶ 填写
领料计划、采购计划。

（2）职责要求

①严格执行食品卫生方面的法规，注意个人卫生、食品卫生、用具卫生、环境卫生。
②安全使用、保养各种设施设备。
③确保面点品种的质量、特色。
④经常更换点心品种，控制食品成本。
⑤掌握切配，拌制各种面点和小吃的馅料。
⑥服从厨师长日常工作安排，完成上级交办的其他工作。

2）西式面点岗位的具体工作内容及职责

西式面点主要是制作各种面包、蛋糕、奶油点心、饼干、饼、派等。每一类都有专门的厨师各司其职，工作流程各不相同。其职责要求如下：

①熟练掌握制作西点、花点等工艺。
②经常更换花色和品种。
③节约原材料，避免浪费，控制成本的
毛利率。
④严格执行《食品安全法》，注意个人卫
生、食品卫生、用具卫生、环境卫生。
⑤安全使用和保养各种设施设备。
⑥服从厨师长日常工作安排，完成上级交办的其他工作。

[训练过程评价参考]

问　题	回　答	为什么	学生评价	教师评价
你喜欢面点厨房岗位吗？				
你怎样看待面点厨房岗位在厨房中的地位？				

说一说，面点厨房岗位的分工及具体工作内容各是什么？

项目 3　中央厨房

[项目导入]

中央厨房是传统厨房的一种创新模式，能有效地提高原料的附加值及标准化服务，是现代多元化厨房之一。

[项目要求]

1. 了解中央厨房的概念、意义和特点。
2. 培养学生现代化的厨房工作理念。

任务 1　中央厨房介绍

[任务解说]

中央厨房又称中心厨房或配餐配送中心，是一个由硬件设施与软件管理组成的，具有集约化、标准化、机械化、专业化、产业化等生产特征的完整运行体系，提供了一种可进行量化生产的工业化、多元化的食物加工运营模式。

[任务要求]

1. 了解中央厨房的概念、意义和特点。
2. 明确中央厨房的功能。
3. 培养学生先进科技的意识。

[任务实施]

1）中央厨房的产生

中央厨房这一概念来源于餐饮行业，是工业标准化机械生产在餐饮行业的具体运用。由于工业标准化生产最有利于品种的大批量生产，因此，目前中央厨房在餐饮快餐细分行业运用得非常普遍。中央厨房模式是食品加工、低温速冷保鲜、冷链物流以及热链保温相匹配的一种产业模式。

近两年，中央厨房已经成为餐饮业最核心的竞争力。这个"洋快餐"的工业化产物，已经向中高端中式餐饮进军，俨然有取代现炒现卖的趋势。目前，中央厨房正从快餐业逐步进入正餐业、火锅业，产业覆盖面不断增大，餐饮业也在寻求新的运行模式。准确地说，"中央厨房"使中式餐饮"标准化生产"成为可能，并且大大降低了企业运营成本。

从发展规律来看，中央厨房是餐饮业发展的必然选择。是将所有工序完全中央厨房化，还是将只负责菜品的最初加工和配送部分中央厨房化，具体程度的把握需要根据社会的发展和各自的实际情况而定。

2）中央厨房的特点

（1）标准化特点

标准化是建立中央厨房的前提。由于国人吃饭口味多样，中央厨房的产品标准化是满足顾客需求的最大挑战，因此，在不同的餐饮企业，中央厨房的标准化程度各不相同。有完全标准化、部分标准化、局部标准化等。极端典型的完全标准化中央厨房生产的菜品要算飞机和高铁上供应给顾客的饭菜了；而部分标准化中央厨房，则在中式快餐、小吃、面点等餐饮行业比较常见。

（2）集中化特点

大规模集中化生产是中央厨房最大的特点。在快餐细分行业中甚至可以做到全部菜品在中央厨房进行生产，然后直接配送给顾客，目前团膳就是采取这样的供应模式。而在其他餐饮企业，中央厨房主要是完成大部分或一部分加工工作，然后分送到各门店进行再次加工。

（3）专业化特点

中央厨房可以将餐饮企业分散的一些设施、设备、人员等，通过流程分解，集中起来统一管理、运作和生产，更有利于优化资源配置、降低能源损耗等，也能使企业生产易于组织和管理，提高生产效率和增大规模效应。

（4）产业化特点

中央厨房运作模式，给餐饮业带来了产业升级发展的机会，可以突破目前餐业的发展瓶颈——劳动力成本、商铺价格的不断提高等。

3）中央厨房的功能

（1）集中采购功能

中央厨房汇集各连锁提交的要货计划后，结合中心库存和市场供应部制订的采购计划，统一到市场采购原、辅材料。

（2）生产加工功能

按照统一的品种、规格和质量要求，将大批量采购来的原、辅材料加工成成品或半成品。

（3）检验功能

对采购的原、辅材料和制成的成品或半成品进行质量检验。

（4）统一包装功能

根据连锁企业共同包装形象的要求，对各种成品或半成品进行一定程度的统一包装。

（5）冷冻储藏功能

中央厨房需配有冷冻储藏设备：一是储藏加工前的原材料；二是储藏生产包装完毕但尚未送到连锁店的成品或半成品。

（6）运输功能

配备运输车辆，根据各店的要货计划，按时按量将产品送到各连锁门店。

（7）信息处理功能

中央厨房和各连锁店之间应有计算机网络，以及时了解各店的要货计划，并根据计划来组织各类产品的生产加工。

它的具体运作步骤是：设立"中央大厨房"集中生产80%以上的半成品，简单包装后送到各快餐店（连锁店），然后加工成成品供应给顾客。

4）中央厨房的优点

①使大规模降低成本的愿望成为可能。

②使成品在质量和口味上的统一性更为明显。

③"中央大厨房"是主要投资与技改方向，提高了劳动效率。

[训练过程评价参考]

问　题	回　答	为什么	学生评价	教师评价
中央厨房的优势有哪些？				
你喜欢在中央厨房工作吗？				

[巩固提高]

中央厨房在现代厨房中的意义是什么？

项目 4　中式厨房常用设备

[项目导入]

　　厨房设备的使用，减轻了工作者的劳动强度，增加了技术含量，从而可以创造出更多、更方便、更精美的符合食用要求的菜品。烹饪工作者了解和安全使用厨房常用设备是时代的要求，也是必备的职业技能。

[项目要求]

　　1.学会使用中式厨房常用设备。

　　2.了解中式厨房常用设备的维护。

安全提示

　　正确掌握厨房设备的使用和维护方法，既可以顺利地制作出菜点，同时也可以更好地保障操作安全，提高工作效率。

任务 1　加热设备使用介绍

[任务解说]

　　中式厨房的加热设备是中式厨房的主要设备，合理安全地使用加热设备、了解加热设备的维护，是中式厨师必备的技能之一。

[任务要求]

　　1.学会使用中式厨房加热设备。

　　2.了解中式厨房加热设备的维护。

[任务实施]

　　1）燃气炒灶

燃气炒灶是中式厨房的主体设备。

（1）安全使用

①开启炉灶：检查设备 ——→ 打开排烟系统 ——→ 打开风门

──→点燃打火枪──→打开气阀──→打开鼓风机──→调节火力──→使用──→关闭气阀──→关闭鼓风及风门──→关闭电源。

②关闭炉灶：关闭气阀──→关闭鼓风──→关闭排烟系统。

（2）维护

①日常维护（对炉头上的污物进行清理）。

②定期维护（检查管道、开关以及灶头的安全与卫生）。

2）燃气矮汤炉

制作各种汤时使用的设备。

（1）安全使用

检查设备──→打开排烟系统──→点燃打火枪──→打开气阀──→调节火力──→使用──→关闭气阀。

（2）维护

①日常维护（对炉头上的污物进行清理）。

②定期维护（检查管道、开关以及灶头的安全与卫生）。

3）煲仔炉

煲仔炉是使用砂锅、铁板、铁锅烹饪时用到的设备。

（1）安全使用

检查设备──→打开排烟系统──→点燃打火枪──→打开使用炉头的气阀──→调节火力──→使用──→关闭气阀。

（2）维护

①日常维护（对炉头上的污物进行清理）。

②定期维护（检查管道、开关以及灶头的安全与卫生）。

4）电烤箱

（1）安全使用

检查电源──→连接电源──→调节温度及时间（面火和底火）──→烤制──→关闭电源。

（2）维护

使用完毕，必须对烤箱、烤盘进行清理。

5）蒸烤箱

（1）安全使用

检查水源、电源──→连接电源──→调节温度及时间（面火和底火）──→烤制或蒸制──→关闭电源、水源。

（2）维护

使用完毕后，必须对蒸烤箱、烤盘进行清理，定期检查设

备中心探温针。

6）蒸箱

（1）安全使用

检查水源、电源——→连接电源或拧开锅炉气阀——→蒸制
——→关闭电源或关闭气阀。

（2）维护

使用完毕，必须对蒸盘进行清洁，勤换水。

7）电磁炉

（1）安全使用

检查电源——→在电磁炉上放平底专用锅——→接通电源
——→使用——→关闭电源。

（2）维护

使用过程中随时擦拭电磁炉表面，以保持卫生，使用完毕
后将电磁炉擦拭干净，并定期找专人检查微波泄漏阈值。

8）微波炉

（1）安全使用

检查电源——→接通电源——→打开炉门放入原料——→开关
使用——→取出原料——→关闭电源。

（2）维护

使用完毕后擦拭微波炉内侧，并开门晾干，使用过程中切
记不要开启炉门，并定期找专人检查微波泄漏阈值。

9）扒炉

（1）安全使用

检查电源——→清洁扒板——→接通电源——→调整温度——→
加热原料——→关闭电源——→清理卫生。

（2）维护

使用完毕后清洁扒板，长期不用时需加热扒板后抹植物油
放置。

10）焗炉（升降面火炉）

（1）安全使用

检查电源——→接通电源——→调整高度——→加热原料——→
关闭电源——→清理卫生。

（2）维护

使用时原料不能触碰加热管，使用完毕后擦拭焗炉表面，
并定期检查加热管。

问　题	回　答	你知道吗?	学生评价	教师评价
中式厨房加热设备的种类有哪些?				
如何对中式厨房加热设备进行维护?				

[巩固提高]

如何正确使用中式厨房加热设备?

任务2　机械加工设备使用介绍

[任务解说]

　　合理安全地使用机械加工设备,可以大大减轻劳动强度,提高工作效率,提升产品质量。

[任务要求]

　　1.学会使用中式厨房机械加工设备。

　　2.了解中式厨房机械加工设备的维护。

[任务实施]

　　1) 绞肉机

　　(1) 安全使用

　　检查电源——接通电源——在出料口放盛器——将原料放入进料口——开关使用——关闭电源——清洗机芯——安装机芯。

　　(2) 维护

　　使用时,切记不要将手放入进料口,使用完毕后必须清洗机芯。

　　2) 多功能料理机

　　(1) 安全使用

　　检查电源、机器——接通电源——正确安装刀片——将原料放入机器桶内——盖紧桶盖——粉碎——取出原料——断开电源——清洗刀片及粉碎桶——晾干。

　　(2) 维护

　　使用时,切记不要将手放入进料口,使用完毕后必须清洗搅拌杯和刀片。

3）多功能切片机

（1）安全使用

检查电源──→根据要求调整刀片──→将原料放在原料架上──→打开开关──→将原料加工成片──→在取料口取出原料──→断开电源──→清理机器。

（2）维护

使用时，切记不要将手放入进料口，使用完毕后必须擦拭机器。

[训练过程评价参考]

问　题	回　答	你知道吗?	学生评价	教师评价
中式厨房机械加工设备的种类有哪些?				
如何对中式厨房机械加工设备进行维护?				

🧁 任务 3　冷冻冷藏设备使用介绍

[任务解说]

合理安全地使用冷冻冷藏设备，可以降低菜肴成本，减少损失，降低劳动强度，保证食品安全。

[任务要求]

1. 学会使用中式厨房冷冻冷藏设备。
2. 了解中式厨房冷冻冷藏设备的维护。

[任务实施]

1）冷冻箱

（1）安全使用

冷冻箱主要用于较长时间的食品冷冻，箱内温度低于 -18 ℃，常见的有卧式和立式两种。

（2）维护

原料在冷冻时需分别冷冻，防止串味。要根据不同的原料选择不同的温度，要在断电完全、化冻后再进行清理，清理后要晾干再通电使用。

2）保鲜冷藏箱

（1）安全使用

主要用于短时间内的食品冷藏保鲜，箱内温度一般是 1～5 ℃，常见的有卧式和立式两种。

（2）维护

原料在冷藏时需分别放置，防止串味，要根据不同的原料选择不同的温度，清理时要断电，清理后要晾干再通电使用。

3）保鲜工作台

（1）安全使用

主要用于短时间内的食品冷藏保鲜，箱内温度一般是 2～8 ℃，台面可当成案板使用。

（2）维护

原料在冷藏时需分别放置，防止串味，要根据不同的原料选择不同的温度，清理时要断电，清理后要晾干再通电使用。

[训练过程评价参考]

问　　题	回　　答	你知道吗？	学生评价	教师评价
中式厨房冷冻冷藏设备的种类有哪些？				
如何对中式厨房冷冻冷藏设备进行维护？				

[巩固提高]

> 如何科学、安全地使用中式厨房冷冻冷藏设备？

🧁 任务 4　勺工设备使用介绍

[任务解说]

行业中有"七分刀工，三分勺工"的说法，可见勺工在烹饪技能中的地位。合理地使用勺工设备，可以更好地完成菜肴的制作，达到质量标准。

[任务要求]

1. 学会使用中式厨房勺工设备。
2. 了解中式厨房勺工设备的维护。

[任务实施]

1）手勺

手勺是勺工的必备工具，是烹调时搅拌原料、添加调料、盛舀汤汁、助翻原料和盛装菜肴的工具，一般用熟铁和

不锈钢材料制成。北方地区的传统手勺一般分为大、中、小 3 种型号；南方地区，特别是广东按照手勺所盛装水分的斤两进行划分。现在北方部分地区已经普遍使用双耳勺。

2）炒勺（炒锅）

炒勺（炒锅）是盛装烹饪原料和用来吸收传导热量使原料成熟的主要烹饪工具。

炒勺又称单柄炒勺，炒锅又称双耳炒锅，两者通常用熟铁加工而成，主要分为炒菜和烧菜两大类。炒菜类的锅壁薄而浅，分量轻，适合制作旺火快炒的菜肴；烧菜类的锅壁厚而深，分量重，口径也略大，适合制作加热时间比较长的菜肴。

3）漏勺（笊篱）

漏勺（笊篱）是烹调中捞取原料或过滤水分、油脂的工具。漏勺是使用熟铁或不锈钢材料制成的，现在酒店基本都采用不锈钢材料的漏勺，其外形与单柄勺相似，勺内有排列有序的圆孔。笊篱是使用铁丝、钢丝或竹子编制而成的，外形与单柄勺相似但略浅，成丝网状结构。

勺工用具每次用完要及时清理干净，控干水分，避免生锈，若长期不用时应涂抹油脂放置。

[训练过程评价参考]

问 题	回 答	你知道吗？	学生评价	教师评价
中式厨房勺工设备的种类有哪些？				
如何对中式厨房勺工设备进行维护？				

[巩固提高]

合理使用厨房勺工设备，你学会了吗？

任务 5　刀工设备使用介绍

[任务解说]

"食不厌精，脍不厌细。"合理地使用刀工设备，可以更好地传承中华烹饪技艺，因此，对加工食材的刀工设备的使用与保养尤为重要。

[任务要求]
1. 学会使用中式厨房刀工设备。
2. 了解中式厨房刀工设备的维护。

[任务实施]

作为切割工具的刀具，种类很多，形状、功能各异。按使用地域分，有圆头刀、方形刀、马头刀、弓形刀、尖刀；按刀具加工工艺和材料分，有钢刀、不锈钢刀；按功用分，有片刀、切刀、砍刀、前切后砍刀、特殊刀等。

1）刀具

（1）片刀

片刀又称薄刀，刀身较窄，刀刃较长，刀体轻而薄，钢质纯硬，刀口锋利，多为长方形，是最常用的刀具之一。

用途：多用于加工质地较嫩的动、植物性原料，也可用于一般原料的切制。原料加工后的形态多为丝、片、丁、条等。

（2）前切后砍刀

前切后砍刀又称文武刀，刀型多为前方后圆，刀身较切刀略大，刀背部厚，钢质如同砍刀，前半部薄而锋利近似片刀，后半部略厚而钝，近似砍刀，常见刀型有柳刀和马头刀。

用途：刀的前半部可以用于加工切制精细原料，以切、片为主；后半部主要用于加工带脆骨的及质地较硬的小型原料，多用劈、剁的方式。

（3）砍刀

砍刀又称斩骨刀、劈刀，较切刀重一些，形状像方头切刀，但刀背较厚与刀口的截面呈三角形，常见刀型多为长方拱背圆口形和平背尖头圆口形。

用途：多用于加工带骨的和质地坚硬的一类原料。

（4）特殊刀

种类较多，刀刃锋利，是应用于加工、修形、雕刻等多种用途的专用工具。

2）切割枕器

切割枕器，是指用刀对烹饪原材料加工时所使用的衬托工具，包括菜墩（砧板）和菜板两类，菜板在餐饮业中的使用较少。菜墩的种类繁多，按菜墩的材质分为天然木质菜墩、塑料菜墩、复合型菜墩3种形式。

（1）天然木质菜墩

这类菜墩一般选择木质材料，要求树木无异味、木质坚实、纹路细腻、密度适中、弹性好、无疤、不空、不烂、树皮完整。

常选用银杏木、橄榄木、柳木、榆木等。其特点是：抗菌性好，透气性好，弹性好。

（2）塑料菜墩

这类菜墩多为聚酯塑料制品，形状、尺寸不固定。其特点是：结实耐用，便于清洁。

（3）复合型菜墩

复合型菜墩为新型切割枕器，其特点是：干净，卫生，质优，耐用。

3）刀工设备的维护保养

"工欲善其事，必先利其器。"要想施展好的刀工，就必须有良好的刀具。刀具在第一次使用前都必须经过精心磨制，并且在以后的使用过程中要保持刀具锋利、不生锈、不变形。厨刀磨制的好坏直接关系到菜肴的质量，因此磨刀是厨师必备的基本功。有了好的刀具，没有好的菜墩也是不行的，两者缺一不可。

（1）菜墩的维护保养

①新菜墩（天然木质）使用前先修正边缘，去掉树皮的最外层老皮，加固定圈，开封蜡。

②用盐水浸泡或蒸煮，使木质纤维收缩紧密，防止干裂和虫蛀。

③使用后应刮洗干净，竖立放稳或平放于阴凉通风处，用洁布遮盖，避免暴晒，定期进行高温加热消毒或用盐水浸泡。

④使用菜墩时，应定期转动方向，保持菜墩磨损均匀，防止墩面出现凹凸不平，影响刀法的实施，若出现凹凸不平时应及时修整。

（2）刀具的磨制及保养

①刀具的磨制工具。磨刀所用的工具叫作磨石，常见的磨石有粗磨石、细磨石、油石、刀砖4种。一般新刀和有缺口的刀应先在粗磨石上开刃，再用细磨石磨光，最后用油石或刀砖给刀刃上锋。

人造磨石　　　　　细磨石　粗磨石　油石

②刀具的磨制方法。

任务准备

1. 工作服穿戴整齐。
2. 磨刀用具准备齐全。

准备工作	新刀先洗净防锈油，磨刀石放置在平稳的台面上（最好垫抹布固定以防磨刀石打滑），略前低后高为好，准备一盆清水	
磨刀姿势	两脚自然分开，一前一后站稳，上半身略微前倾，一手握紧刀柄，一手按住刀面的前端，平放在磨刀石上，刀刃向前或斜朝向两端	
磨刀手法	用水将刀面和磨刀石淋湿，前推后拉。前推时，刀身紧贴磨石，上半身的力量通过手臂施加于刀上，把刀刃推到磨刀石的前端。后拉时，刀背略微翘起，轻轻拉动，角度为2°～5°	
检验方法	刀刃朝上，迎着光线观察，刀刃上没有白色的反光表示刀已磨好，或将刀刃放在拇指指甲上，轻轻刮动，涩感越重，刀刃越锋利，刀面越光滑	
注意事项	1.磨刀石表面起砂浆时要淋水，保持石面湿润不干 2.两手用力均匀一致，手腕角度平稳准确 3.刀的两面、前后、中段轮流均匀磨制，次数基本相等，以保证刀刃平直 4.刀面磨光、刀刃上锋时用力要轻柔	

③刀具的保养方法。

A.操作时片刀不宜切、砍原料，不要伤及刀刃。

B.刀具使用后必须用清洁抹布擦去污物、水分，擦干后挂于刀架上。

C.刀具长时间不用时，应在干燥洁净的刀具表面涂一层植物性油脂。

D.在切制带有咸味、腥味、酸性、黏液的原料后，应彻底清洁刀面。

E.刀在不用时应妥善存放，避免刀刃损伤或伤人。

[训练过程评价参考]

检测项目	磨刀姿势正确	磨刀手法准确	刀身放置平整	刀锋与磨石的角度正确	刀刃锋利
分值100	20	25	10	15	30
学生自评20%					
学生互评20%					
教师评价60%					
建议方法				总　分	

[巩固提高]

1. 你知道如何合理地使用厨房刀具设备及对其保养维护吗?

2. 要进行刀工训练了，你准备好了吗?

模块 2

烹饪原料初步加工

训练目标

◇ 熟悉和了解烹饪原料的基本特性，根据烹调和食用的要求合理选取原料进行加工。烹饪原料必须具备营养价值高，口感、口味好，食用安全等基本条件。加工时，注意讲究清洁卫生，减少营养成分的流失，正确掌握烹饪原料初步加工的方法，以达到烹调和食用的要求。

训练内容
◇ 项目 1 植物性原料的初步加工
◇ 项目 2 动物性原料的初步加工
◇ 项目 3 干货原料的涨发加工

◇ 烹饪原料的初步加工直接影响菜肴的质量，也影响菜肴的成本，是制作菜肴的一个非常重要的环节。这一步骤要求学生有丰富的理论知识，同时也要掌握熟练的初步加工技术。

项目 1　植物性原料的初步加工

[项目导入]

　　认识和了解植物性原料的特性，熟悉植物性原料的初步加工原则和要求，树立规范化、标准化、程序化、遵纪守法的职业意识，养成厉行节约的良好品德。

[项目要求]

　　1.掌握植物性原料的初步加工方法和基本原则。

　　2.经过初步加工的原料必须符合烹调和食用的要求。

　　3.加强对食品安全与卫生的意识训练。

任务 1　根茎类蔬菜的初步加工方法

[任务要求]

　　1.熟悉各种根茎类蔬菜品种的特性。

　　2.掌握根茎类蔬菜的初步加工方法和步骤。

　　3.注意加工时的安全和卫生，节约原料，达到物尽其用。

[任务实施]

　　作为烹饪原料必须具备营养价值高，口感、口味好，食用安全，无害等基本条件。此外，还应注意资源情况，是否易于繁殖或栽培等。

　　1）根茎类蔬菜的初步加工方法

　　去除原料表面杂质——→清洗——→刮剥去皮——→洗涤——→浸泡——→沥水。

　　2）根茎类蔬菜初步加工应注意的问题

　　根茎类蔬菜大多数含有鞣酸或易氧化，加工后应立即放入清水中浸泡，防止原料变色，影响菜品的质量。

🧁 任务 2　叶菜类蔬菜的初步加工方法

[任务要求]

1. 了解常用叶菜类蔬菜的特性。
2. 掌握叶菜类蔬菜加工的方法和步骤。
3. 注意加工时的安全和卫生，节约原料，达到物尽其用。

[任务实施]

1）叶菜类蔬菜初步加工的方法

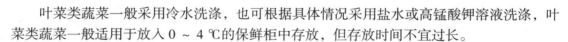

摘剔 ——→ 浸泡洗涤 ——→ 沥水 ——→ 理顺。

2）叶菜类蔬菜初步加工应注意的问题

　　叶菜类蔬菜一般采用冷水洗涤，也可根据具体情况采用盐水或高锰酸钾溶液洗涤，叶菜类蔬菜一般适用于放入 0 ~ 4 ℃的保鲜柜中存放，但存放时间不宜过长。

🧁 任务 3　花菜类蔬菜的初步加工方法

[任务要求]

1. 了解常用花菜类蔬菜的特性。
2. 掌握花菜类蔬菜的加工方法和步骤。
3. 注意加工时的安全和卫生，节约原料，达到物尽其用。

[任务实施]

1）花菜类蔬菜的初步加工方法

去蒂及花柄（茎）——→ 清洗 ——→ 沥水浸泡。

2）花菜类蔬菜初步加工应注意的问题

　　花菜类蔬菜加工时，一般从蔬菜的蒂部、柄部或茎部下刀，尽量保证花朵部分的完整而不散碎。花菜类蔬菜一般适合在 0 ~ 4 ℃的保鲜柜中存放，但存放时间不宜过长。

🧁 任务 4　瓜、茄果类蔬菜的初步加工方法

[任务要求]

1. 了解瓜、茄果类蔬菜的特性。

2. 掌握瓜、茄果类蔬菜加工的方法和步骤。

3. 注意加工时的安全和卫生，节约原料，达到物尽其用。

[任务实施]

1）瓜果类蔬菜的初步加工方法

去除表面杂质——→清洗去表皮——→洗涤去瓜瓤——→清洗。

2）茄果类蔬菜的初步加工方法

去除原料表面杂质——→清洗去蒂、去表皮和籽瓤——→洗涤。

3）瓜、茄果类蔬菜初步加工应注意的问题

瓜、茄果类蔬菜的表皮含有大量的维生素，能带皮食用的尽量不要去皮。去皮时尽量使皮薄些，去籽时要去净。

> **小常识**
>
> 若选用番茄制作凉菜时，可先用清水洗净并去蒂，再用沸水略烫后放入冷水中浸凉，最后剥去外皮即可。

🧁任务 5　食用菌类的初步加工方法

[任务要求]

1. 了解食用菌类的特点。

2. 掌握食用菌类初步加工的方法和步骤。

3. 注意加工时的安全和卫生，节约原料，达到物尽其用。

[任务实施]

1）食用菌类的初步加工方法

去杂质老根及蒂——→水中浸泡——→搓洗或漂洗——→用清水洗净。

2）食用菌类初步加工应注意的问题

应正确掌握和区分食用菌类与不可食用菌类的区别和特点，加工时要运用正确的加工方法，以符合烹调的要求。

用盐水腌制过的菌类一定要用清水先泡去咸味，再烹调食用。如果是干货原料必须先进行干料涨发步骤。

[巩固提高]

认真观察日常生活中各种蔬菜的性能、形状，努力做到运用各种初步加工方法来加工各种植物性原料，以达到烹调和食用的要求。

项目 2　动物性原料的初步加工

[项目导入]

认识和了解动物性原料的特性，熟悉动物性原料的初步加工原则和要求，与植物性原料的加工方法进行区分。

[项目要求]

1. 掌握动物性原料的初步加工方法和基本原则。

2. 经过初步加工的原料必须符合烹调和食用的要求。

任务 1　家禽的初步加工方法

[任务要求]

1. 了解家禽的结构组织及特性。

2. 掌握列举的家禽的初步加工方法和步骤。

3. 注意加工时的安全和卫生，节约原料，达到物尽其用。

[任务实施]

1）家禽的初步加工方法

宰杀——→浸烫煺毛——→开膛取内脏（腹开法、背开法、肋开法）——→内脏洗涤、整理。

实例 1　鸡的初步加工方法

宰杀前，先备好一只碗，碗中放入少许盐和适量水。宰杀时，左手勾住鸡的右腿，用拇指和食指捏住鸡脖颈，在落刀处拔去少许毛，割断其血管和气管后立即把鸡身下倾，放尽血液，等鸡完全死后，再放入热水中烫泡，一般情况下老鸡用开水，嫩鸡用 60 ~ 80 ℃的水即可。注意烫泡煺毛时不可弄破鸡皮，以免影响其美观。取内脏时应视烹调的要求而采取不同的方法（腹开、背开和肋开）进行。

（1）胗

先割去前端食肠，从侧面将胗剖开，除去污物，剥掉黄皮洗净即可。

（2）肝

摘去附在肝上面的苦胆，洗净即可。

（3）肠

先去除肠内污物，用剪刀顺肠剖开并冲洗，再加盐、醋、明矾搓洗，去除污物和黏液，反复冲洗干净即可。

（4）心

剪去头上血管，挤去里面血液，摘去油，洗干净即可。

（5）油脂

鸡腹中的油脂，经制作后称为明油。其制作方法是：将油脂洗净，切碎放入碗内，加上葱姜上笼蒸制，待油脂蒸化后取出，去掉葱姜，过滤去除杂质即可。

实例 2　鸽子的初步加工方法

宰杀时，可用摔死、闷死和酒醉等方法。煺毛有干煺和湿煺两种。所谓干煺，就是待鸽子完全死去而体温尚未散尽时，即将毛拔净，如果等到身体完全冷却，毛就难煺了。湿煺就是用 60 ℃的水烫后煺毛，因为鸽皮很嫩，水温不能太高，否则皮易烫破。其他步骤与鸡的初步加工方法相同。

2）家禽初步加工应注意的问题

宰杀时，要根据烹调的要求而采用不同的方法，无论哪一种取内脏的方法，都应注意不要弄碎肝脏和胆囊，以免影响菜肴的质量。家禽的内脏除了嗉囊、气管、食道和胆囊不能食用外，其他均可烹调食用。

任务2 家畜四肢及内脏的初步加工方法

[任务要求]

1. 了解家畜四肢及内脏的特性。
2. 熟悉家畜四肢及内脏的几种洗涤方法。
3. 掌握列举的家畜四肢及内脏的初步加工方法和步骤。
4. 注意加工时的安全和卫生，节约原料，做到物尽其用。

[任务实施]

1）家畜四肢及内脏的初步加工方法

（1）里外翻洗法

主要适用于家畜的肠、肚等的加工，因为其里外都带有较多的黏液、油脂和污物，所以将其表面洗净后，需将其翻转过来洗里面，以达到清洁卫生的要求。

（2）盐醋搓洗法

主要适用于洗涤加工含油脂和黏液较多的肠、肚等家畜的内脏，先将肠、肚上的污物、油脂去掉，放入盐搓揉去除黏液，再加醋搓揉去除异味，用冷水冲洗，采取里外翻洗法洗净即可。

（3）刮剥洗涤法

主要适用于去掉家畜原料表皮上的污物、残毛和硬壳，如家畜的头、舌、爪、尾等。

（4）冷水漂洗法

主要适用于洗涤质嫩且易碎的家畜原料，如家畜的脑、肝、脊髓等，采用此法即将原料置于冷水中漂洗干净即可。

（5）灌水冲洗法

主要适用于洗涤家畜的肺和肠等内脏。

2）家畜内脏及四肢初步加工应注意的问题

家畜内脏及四肢初步加工应注意鉴定原料的品质，被感染的或病死的家畜内脏及四肢禁用，保证食品安全与卫生；加工洗涤一般需要几种方法并用才能达到质量要求；原料要物尽其用，减少浪费。

任务 3　水产品的初步加工方法

[任务要求]

1.了解常用水产品的特性。

2.掌握列举的水产品的初加工方法和步骤。

3.注意加工时的安全和卫生，节约原料，做到物尽其用。

[任务实施]

1）鱼类的初步加工方法

宰杀——→刮鳞（或不刮鳞）——→去鳃——→修整鱼鳍——→开膛（或不开膛）——→去内脏——→清洗、沥水。

（1）鱼的宰杀

一般是采用摔或拍的方法，将鱼摔晕后，再刮净全身鱼鳞（个别鱼不用刮鳞，如鲥鱼、白鳞鱼等），去净鱼鳃，然后根据烹调的要求，剪去鱼的胸鳍、腹鳍、背鳍和尾鳍，开膛（或不开膛），取出内脏，洗净血污和腹腔内的黑衣膜，以备下一工序使用。如果遇到特殊情况的鱼类时，如鲨鱼，就要用热水先泡烫，刮去鱼皮上的沙，再进行其他步骤；马面鲅（俗称面包鱼）在进行初步加工时要剥去外皮等。

（2）甲鱼的宰杀

　　一种方法是将甲鱼的腹部朝上放在墩上，待甲鱼伸出头时将头剁下；另一种方法是将甲鱼放在地面上，待甲鱼爬动时用脚使劲一踩，待头伸出时用左手握紧头部，然后用刀割断其气管和血管，放入凉水盆中让血流出。放净血后，用70～80℃的热水烫2～5分钟，搓去甲鱼周身皮膜，从其裙边下面两侧的骨缝处割开，将盖掀起，取出内脏洗净，然后将甲鱼放入开水锅内焯去血污，清洗干净即可。

（3）鳝鱼的宰杀

　　宰杀前，应视不同的烹调方式而采取不同的宰杀方法。

　　①鳝片。先将鳝鱼摔昏，在其胫骨处下一刀斩一缺口放出血液，再将鳝鱼的头部按在菜墩上面的钉子上，用刀尖沿脊背从头至尾划开，将脊骨剔出，去其内脏洗净，切片备用。

　　②鳝段。用左手的3个手指（拇指、中指、无名指）掐住鳝鱼的头部，右手执刀由鱼的颈部刺入，由腹部划至尾部，去其内脏洗净，切段备用。

2）虾类的初步加工方法

　　用剪刀剪去虾的触角、虾腿，挑出头部的内脏（沙袋）和脊背的虾线，洗净即可。也可根据菜肴的要求，将虾壳全部剥去，留取虾肉，或将虾壳去除，留取虾尾。

　　实例　龙虾的初步加工

　　先用抹布包裹住龙虾的头部，再用长竹签从龙虾腹部靠近尾端的小孔插入，放净龙虾的尿，双手分别握住龙虾的头部和身体，反方向扭转，龙虾的头部和身体即可分开，去除其头部的鳃、内脏和杂质后，将龙虾身体腹部朝上，然后用刀沿两侧尖刺处剖开，取下完整的虾肉，去除腹膜，保持背壳完整，以用作菜肴的装饰。

3）贝类的初步加工方法

　　冷水（海水或淡盐水）净养（旨在去除泥沙、污物）——→蒸或煮熟——→剥壳取肉（也可生取）——→去除污物（泥沙、筋膜、内脏等），清洗干净。

实例　海螺的初步加工方法

将海螺洗净泥沙，用硬物砸开外壳，取出螺肉，摘去硬盖和内脏（苦胆），用盐醋搓洗，去除黏液，洗净即可；也可将海螺洗净，待蒸熟或煮熟后取出螺肉，去除硬盖和内脏再洗净即可。

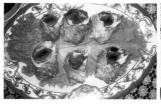

4）蟹类的初步加工方法

将附在其体表及螯足（毛钳）上的绒毛和污物用软毛刷刷洗干净即可；也可根据烹调要求，掀开硬壳，去除蟹脐、蟹鳃以及污物杂质，剁去足尖，洗净备用。

5）软体头足类的初步加工方法

剖开━━━━→去内脏、眼、牙━━━━→剥去外皮（或保留）━━━━→清洗干净。

实例 1　鱿鱼、笔管鱼的初步加工方法

将鱿鱼或笔管鱼根据烹调的要求，选择是否剖开身体。若剖开，取出其墨囊、内脏和软骨，在水中挤破眼睛，取出牙齿（可食用），剥去外皮，清洗干净即可。

实例 2　乌鱼的初步加工方法

将乌鱼身体用剪刀剖开，取出内脏、墨囊（可用作食品调色）和船型软骨（晒干可用于止血），挤出牙齿和眼睛，剥去外皮，清洗干净即可。

实例 3　章鱼的初步加工方法

将章鱼头部翻开，去除墨囊（也可使用或用于调色），挤出牙齿和眼睛，将爪部吸盘相对，搓洗干净即可。

6）水产品初步加工应注意的问题

加工要严格按照烹调和食用的要求进行，注意保存原料的营养成分，减少浪费，达到物尽其用。加工后应注意原料的合理存放，避免原料腐烂变质。

项目 3　干货原料的涨发加工

[项目导入]

　　认识和了解干货原料的特性，熟悉干货原料的涨发加工原则和要求，并与鲜活原料的加工方法进行区分。

[项目要求]

　　1. 掌握干货原料的涨发加工方法和基本原则。

　　2. 经过涨发加工的原料必须符合烹调和食用的要求。

[任务实施]

　　1）干货涨发的方法

　　干货涨发的方法分为水发、油发、盐发、碱发和火发。涨发过程中伴随着复杂的物理、化学变化，应根据各种干货原料质地的不同，选择适合的涨发方法，以达到烹制菜肴的质量要求。

　　实例 1　黑木耳、银耳的涨发方法

　　冷水泡发──→去根蒂──→清洗干净──→冷水浸泡。

　　实例 2　百合的涨发方法

　　冷水浸泡──→清洗干净──→ 30 ～ 40 ℃温水泡发 40 分钟──→冷水浸泡。

　　实例 3　香菇的涨发方法

　　热水泡软──→剪去菇柄──→洗干净──→加高汤、葱、姜蒸 1 小时──→原汤浸泡。

　　实例 4　莲子的涨发方法

　　在热碱水中反复刷洗 3 ～ 4 次──→削掉两端，捅出莲心──→清洗干净──→加清水蒸 20 分钟──→冷水浸泡。

　　实例 5　猴头菇的涨发方法

　　温水泡透洗净──→换开水焖回软──→修去外层针刺和老根，洗净──→焯水──→加高汤、葱、姜、料酒蒸 1 ～ 2 小时即成半成品。

实例 6　海蜇皮的涨发方法

冷水浸泡洗净 ——→ 改刀 ——→ 反复搓洗 ——→ 70 ℃热水快速焯水，
过凉 ——→ 冷水浸泡 3 ~ 4 小时。

实例 7　干贝的涨发方法

冷水浸泡 3 ~ 4 小时，去掉外层老筋洗净 ——→ 加清水、葱、姜、
料酒蒸 1 小时。

实例 8　竹荪的涨发方法

冷盐水浸泡 10 分钟 ——→ 剪去菌盖头和末端 ——→ 清洗干净 ——→
用淘米水浸泡 2 ~ 3 小时 ——→ 清水漂洗干净。

实例 9　干鲍鱼的涨发方法

冷水浸泡 10 小时回软 ——→ 清理内脏洗净 ——→ 冰水浸泡 24 小时
膨胀 ——→ 用清水、葱、姜、料酒小火煮 40 分钟 ——→ 自然冷却后浸泡
8 小时 ——→ 放入高汤中用小火煲或蒸 12 小时。

实例 10　干海参的涨发方法

热水浸泡回软 ——→ 用刀子把海参的肚子划开，取出劲肠，洗净
泥沙 ——→ 放入冷水锅内煮开 10 分钟 ——→ 离火焖 10 小时 ——→ 重新放
入冷水锅内煮开 10 分钟 ——→ 离火焖 10 小时 ——→ 反复 2 ~ 3 次，直
至海参发透柔软、捏着有韧性，按压时体软颤动时捞出 ——→ 冰水浸泡保存。

在干海参的涨发过程中忌油、盐、碱、铁，应使用砂锅
等陶制品或不锈钢制品。

注意事项！

实例 11　蹄筋、花胶（鱼肚）的涨发方法

用热水洗去油脂和污物，晾干 ——→ 冷油下锅，小火加热油温至
80 ℃，蹄筋收缩，连续翻动 ——→ 保持油温在 120 ℃，蹄筋表面
出现白色小气泡时离火降温 ——→ 油温降至 60 ℃时，再升油温至
120 ℃离火 ——→ 反复 3 ~ 4 次 ——→ 离火浸泡 3 小时，让蹄筋浸透油
分 ——→ 重新上火炸制 ——→ 升油温至 200 ℃，炸至蹄筋涨发，饱满
松脆，用手掰断后其断面呈小蜂窝状 ——→ 捞入盆中用重物压住，加
入热碱水泡软 ——→ 用 30 ℃温水揉洗干净，摘去杂质 ——→ 用清水反
复漂洗除净碱味。

2）干货涨发应注意的问题

了解各种干货原料的产地、性质和干制特点。区别对待、灵活运用，以确定正确的涨
发方法，严格按照干货原料的技术要求进行操作，并根据干货原料的质地，掌握涨发的时
间。干货原料涨发后要妥善保存，避免浪费。

> 1. 熟练掌握水产品的加工方法，能独立完成各种水产品的加工。
> 2. 对鲤鱼的初步加工过程进行体验，加工后能达到烹调的要求。

[训练过程评价参考]

检测项目	加工方法正确	操作过程完整	注意安全卫生	操作时间恰当	节约原料
分值 100	20	20	20	20	20
学生自评 20%					
学生互评 20%					
教师评价 60%					
建议方法				总　分	

模块 3

基本功训练

训练目标

◇ 学习本模块可以使学生掌握各种翻勺方法和技巧，能轻松自如地使用炒勺或炒锅完成各种翻勺动作，熟练掌握各种刀工的行刀技法，能灵活运用各种刀法将原材料按照标准和要求加工成烹调所需要的各种形状，为学生继续学习和适应餐饮业的发展奠定基础。

训练内容

◇ 项目 1　勺工勺法训练
◇ 项目 2　刀工刀法训练

◇ 厨师的工作应该说是一项强体力、高负荷的工作，长时间的工作容易使人感到疲劳。掌握正确的勺工和刀工技术，可以大大地减少身体的疲劳程度。刀工和勺工巧妙熟练的配合，既可以烹调出完美的菜肴，同时又能节省大量的体力。

项目 1 勺工勺法训练

[项目导入]

勺工就是厨师临灶运用炒勺（或炒锅）、手勺的方法和技巧，在烹制菜肴的过程中使原料能够根据需要，不同程度地前后左右翻动，以达到加热、调味、勾芡、出锅装盘等方面的要求。

[项目要求]

1. 正确掌握勺工的基本操作姿势。
2. 正确掌握手勺的使用方法，并能熟练运用。
3. 正确掌握翻勺的基本操作方法和技术要领，并能熟练运用。

任务准备

1. 工作服穿戴整齐。
2. 实训用具准备齐全。

任务 1 勺工的基本操作姿势

[任务解说]

勺工运用的熟练程度决定了菜肴的品质。拥有熟练的勺工不仅可以烹制出符合质量要求的菜肴，而且可以有效地节省厨师的体力。

[任务要求]

1. 正确掌握勺工的基本站姿。
2. 正确掌握手勺、炒勺、漏勺的基本持握手势。

[任务实施]

1) 勺工的基本站姿

①面向炉灶站立，身体与灶台保持 10 ~ 15 厘米的距离。
②身体直立，双脚自然分开，与肩同宽。
③上身略向前倾，不可弯腰驼背，目光应注视勺内。

2) 持握勺的基本手势

持握勺的基本手势主要包括持握手勺的手势和端握炒勺的手势等。

（1）持握手勺的手势

右手的手掌方向与手勺勺碗保持一致，食指前伸（指向勺碗背部方向），指肚紧贴勺柄，其余手指合力握住手勺的勺柄，勺柄末端顶住掌心，持握手勺应牢而不死，用力和转动手勺时应灵活自如。

（2）端握炒勺的手势

手腕用力，掌心朝右上方，大拇指在勺柄的上方，其余四指弯曲合力握紧勺柄。

（3）端握双耳炒锅的手势

①在北方是手持垫布，手腕用力，大拇指弯曲紧扣锅耳的左上侧，其余四指张开托住锅壁。

②在南方是手持垫布，手腕用力，握紧垫布，大拇指弯曲紧扣锅耳的左侧，食指、中指弯曲顶住锅壁。

（4）端握漏勺的手势

端握漏勺的手势和端握炒勺的姿势相似。

[体能锻炼]

20个俯卧撑，分2组完成，锻炼臂力。

[巩固提高]

> 你都学会了吗？课后要多锻炼手腕和手臂的力量。

🧁 任务2 手勺的基本运用

[任务解说]

手勺的运用是勺工的一个组成部分，在勺工中起着重要作用，除了舀兑调料和盛菜装盘，还要与左手配合参与翻勺。

[任务要求]

正确掌握手勺拌、推、搅、拍、淋等方法。

[任务实施]

1) 拌

烹制菜肴时，手勺在炒勺（炒锅）内前后左右翻拌原料将其炒散、炒匀，配合翻勺使原料受热均匀。

2）推

当对菜肴施芡（勾芡）、炒芡或炒制浓稠性液体原料时，将手勺反扣向前推炒原料或芡汁，扩大其受热面积，使原料或芡汁快速受热、均匀一致，避免烟锅。

3）搅

有些菜肴在即将成熟时，往往需要烹入碗芡或碗汁，为了使芡汁或调料快速均匀地分布在菜肴里或包裹住原料，要用手勺搅动，使原料、调料、芡汁受热均匀，并使原料、调料、芡汁融为一体。

4）拍

在用扒、熠等烹调方法制作菜肴时，先在原料表面淋上水淀粉或汤汁，然后用手勺背部轻轻拍按原料，使水淀粉向四周扩散、渗透，受热均匀，最终使成熟的芡汁分布均匀。

5）淋

在烹调过程中，根据需要用手勺舀取水、油、调料或水淀粉，缓缓地将其淋入炒勺内，使之分布均匀。

以上方法在实际操作过程中根据具体情况灵活运用。

[体能锻炼]

1. 40 个俯卧撑，分 4 组完成，锻炼臂力。
2. 40 个提举哑铃，分 4 组完成，锻炼臂力。

任务 3　翻勺的基本操作方法

[任务解说]

在烹制菜肴时，应根据每个菜肴的具体需要，采用不同的翻勺方法。翻勺方法按原料在锅中运动的幅度大小和方向轨迹划分为：转勺、抖勺、晃勺、助翻勺、前翻勺、后翻勺、左翻勺、右翻勺。

[任务要求]

正确掌握转勺、抖勺、晃勺、助翻勺、前翻勺、后翻勺、左翻勺、右翻勺的基本运用。

[任务实施]

1）转勺和抖勺

转勺又称转锅，抖勺又称抖锅。转勺为左手握紧勺柄或锅耳，炒勺不离灶口，快速、有力、短距离地左右转动（抖锅为上下抽压），勺动，原料不动，防止粘锅。

2）晃勺

晃勺又称晃锅、旋勺、旋锅。左手将炒勺（炒锅）端平，端离或放在灶口上，运用小臂和手腕的摆动，让炒勺（炒锅）中的原料做顺时针或逆时针转动，以使原料受热均匀，防止粘锅；调整原料在炒勺（炒锅）中的位置，为大翻锅或出菜做好准备。

[体能锻炼]

1.40个俯卧撑，分2组完成，锻炼臂力。

2.定时练习晃勺100下，分2组完成，要求动作连贯、协调。

3）助翻勺

左手握炒勺，右手持手勺，手勺在炒勺的内侧上方，炒勺先向后轻拉再迅速向前推送，手勺协助将原料推送至炒勺的前端，顺势将炒勺向后拉使前端略微翘起，同时手勺推、翻原料，使原料沿炒勺的弧度向后翻转。此方法可作为大翻勺的辅助动作。

[体能锻炼]

1.40个俯卧撑，分2组完成，锻炼臂力。

2.定时练习助翻勺100下，分2组完成，要求动作连贯、协调。

4）前翻勺

前翻勺又称正翻勺、正翻锅，是将原料由锅的前端向锅的后端翻动，分为小翻勺和大翻勺。

（1）小翻勺

小翻勺又称颠勺、颠锅，是最常用的一种翻锅方法，是指原料在炒勺中做小于180°的翻转，或者只把炒勺中的一部分原料翻转过来。具体手法又分为悬翻勺和拖翻勺两种。

①悬翻勺。悬翻勺一般单柄炒勺运用得比较多。操作时将炒勺端离灶口，与灶口保持一定的距离；先向后轻拉，再向前送出；当原料滑到炒勺的前端时，再将炒勺迅速向上略微抬起并向后拉回。

让炒勺在空中做前上后下回旋运动，利用惯性让原料沿着炒勺的弧度向后上方翻动。

[体能锻炼]

1. 40个俯卧撑，分2组完成，锻炼臂力。

2. 定时练习悬翻勺100下，分2组完成，要求动作连贯、协调。

②拖翻勺。拖翻勺一般双耳炒锅运用得比较多。操作时不要将炒锅端离灶口，炒锅的支撑点放在灶口上，略微前倾；先向后轻拉，再向前送出，炒锅底部紧贴灶口边缘呈圆弧形下滑。当炒锅的前端还未碰到灶口的前沿、原料滑到炒锅的前端时，迅速将炒锅向后勾拉，打破支点的平衡，使炒锅的前端翘起。让锅的前端在灶口上做前上后下回旋运动，利用惯性让原料沿着炒勺的弧度向后上方翻动。

[体能锻炼]

1. 60个俯卧撑，分3组完成，锻炼臂力。

2. 定时练习拖翻勺100下，分2组完成，要求动作连贯、协调。

（2）大翻勺

大翻勺又称大翻锅，操作难度比较大，是指将炒勺的原料一次性做180°整体翻转，并保持原料的形状不变、整齐不散。操作时握紧炒勺，手腕用力，先晃锅，减少原料与炒勺的摩擦力，调整原料的位置，略向后拉，随即向前送出，同时顺势抬起小臂将炒勺沿圆弧上扬，再向后下方回拉，让炒勺在空中做圆形回旋运动，利用惯性使原料离开炒勺，在空中翻转180°后下落，炒勺迅速下落接住原料。

　　1. 60个俯卧撑，分3组完成，锻炼臂力。

　　2. 定时练习大翻勺50下，分2组完成，要求动作连贯、协调。

5）后翻勺

　　后翻勺又称倒翻勺，是将原料从勺柄方向朝炒勺前端翻动，此方法不太适宜双耳炒锅。操作时握紧勺柄，先迅速后拉，使原料移至炒勺的后端，再迅速向上托起并向前推送，让原料沿圆弧向前翻转，迅速将炒勺前沿翘起接住原料。

[体能锻炼]

　　1. 60个俯卧撑，分3组完成，锻炼臂力。

　　2. 定时练习后翻勺100下，分2组完成，要求动作连贯、协调。

6）左翻勺

　　操作时，先晃动炒勺使原料转动，再向左扬起炒勺，并同时伴有转腕、转臂的动作使原料翻转，再将炒勺迅速端平接住原料。

[体能锻炼]

　　1. 60个俯卧撑，分3组完成，锻炼臂力。

　　2. 定时练习左翻勺100下，分2组完成，要求动作连贯、协调。

7）右翻勺

　　右翻勺的方法与大翻勺基本相似，只是运动方向改为从右向左，幅度略小。

[训练过程评价参考标准]

标准分	扣分原因					
100	身体僵硬 1~10	手部动作不协调 1~10	动作不连贯、不到位 1~20	效果不达标 1~30	原料散落 1~20	不清洁卫生 1~10
备 注	凡因各种原因造成不能完成规定动作的，整个训练过程不予评分					

项目 2 刀工刀法训练

[项目导入]

  刀工刀法是烹饪技术的基础，在整个烹调操作过程中占有相当大的比重，是决定菜肴口感和形态的重要因素之一。美味可口、形态美观的菜肴，不仅依靠烹调技术来实现，还要求精湛的刀工技术与之配合。熟练地掌握刀工，能够为我们顺利学习烹饪技术创造良好的条件。

[项目要求]

  1. 正确掌握刀工的基本操作姿势。

  2. 运用正确的刀法对烹饪原料进行加工成型训练。

任务准备

  1. 工作服穿戴整齐。

  2. 实训用具准备齐全。

🧁 任务 1 刀工的基本操作姿势

[任务解说]

　　刀工是比较细腻而且有一定劳动强度的手工操作。掌握正确的操作姿势，可以方便操作，有效提高工作效率，避免伤害，减轻疲劳。

[任务要求]

　　1.正确掌握刀工的基本站姿及安全放刀位置。
　　2.正确掌握持刀和运刀的基本手法。

[任务实施]

　　1) 刀工的基本姿势及安全放刀位置

刀工站姿	身体放松正对菜墩，两脚自然分开与肩同宽或身体微侧，两脚一前一后站稳。菜墩放置高度以菜墩上水平面在肚脐下一拳为宜，腹部与菜墩保持约一拳的距离。上身略前倾，两肩放松，不弯腰驼背。目光注视两手、菜墩和原料的被切部位	
放刀位置	操作完毕后，将刀横放于墩面中央，刀刃朝外，刀具不超出菜墩外沿。将刀剁在菜墩上，既伤刀又伤菜墩，而且不安全，应当避免	

注意喽!

　　从事厨师工作，因为站立时间长，腿部比较累，所以要保持正确的站姿，并随时保持地面干净，无污物、无水渍。

2) 刀工持刀和运刀的基本手法

持刀手法	两臂放松自然抬起，右手持刀，拇指与食指捏住刀箍，其余手指握住刀柄，刀背与小臂成一直线，和身体大约呈45°。左手指弯曲，中指的第一关节轻轻抵住刀身，其他手指不得超过中指，手指和掌跟放稳。左手持刀者所有姿势相反	
运刀手法	手腕灵活有力，动作自然，不僵硬，用手腕和小臂带动刀运动，刀具的起落高度不超过左手中指的第一关节。左手控制住原料，随着刀均匀等距向左后方移动。两手配合紧密、有节奏	

[巩固提高]

    1. 认真观察日常生活中家长切菜时的姿势和运刀手法，并能正确判断其正误。

    2. 根据课堂训练刀工的正确站姿和运刀手法，进一步巩固练习，掌握对刀的控制和左右手的配合。

    操作时，随时保持墩面和台面的清洁，养成良好的卫生习惯。

注意喽!

🧁任务2　刀法训练及原料成型

[任务解说]

    烹饪原料品种繁多，菜肴形态各种各样。如何运用正确熟练的刀法，将烹饪原料加工成烹调所需的形状是关键。同时，还要注意合理用料，避免浪费。

[任务要求]

1. 正确并熟练掌握各种基本的运刀方法。

2. 正确并熟练掌握将烹饪原料加工成各种形状所需的刀法。刀法的种类很多，一般根据操作时刀面与墩面所形成的角度划分，大致可分为直刀法、斜刀法、平刀法、混合刀法等。每大类根据刀的运行方向和步骤的不同又分出许多小类。一个合格的厨师必须熟练掌握和运用各种刀法，能够将原料加工成烹调所需要的各种形状，并符合形象美观、适宜烹调的要求。

[任务实施]

1）推切

训练内容	直刀法——推切的操作方法，推切练习切片、切条、切段	
训练目标	掌握直刀法——推切的技术要领	
训练原料	萝卜或土豆	
训练用具	刀、菜墩、盛器、抹布	
技术要领	右手持刀，用刀刃的前部对准原料被切部位，刀身与墩面垂直，刀刃与墩面平行。左手扶稳原料，向后均匀、等距移动（使刀距均匀相等）。刀的推行距离长，自上而下，从右后方朝左前方推切下去，将原料切断	
加工步骤	原料去皮 ——→ 洗净 ——→ 推切成片	

[巩固提高]

运用所教的基本姿势做练习，熟悉左右手的配合以及对刀的感觉和控制。

训练内容	原料成型——片
训练刀法	直刀法——推切
训练原料	萝卜或土豆
训练用具	刀、菜墩、盛器、抹布

续表

形 状	规 格	
长方片　菱形片 月牙片　柳叶片 象形片　夹刀片	形状有长方形、几何图形、象形图形，厚薄根据情况而定，一般不超过 0.5 厘米	
加工步骤	原料去皮 ──→ 洗净 ──→ 修型 ──→ 推切成片	

[巩固提高]

将 500 克脆性的植物性原料，运用直刀法练习推切成片。

训练内容	原料成型——条	
训练刀法	直刀法——推切	
训练原料	萝卜或土豆	
训练用具	刀、菜墩、盛器、抹布	
形 状	规 格	
粗条（手指条）	粗条宽 0.6 ~ 0.8 厘米，长 4 ~ 6 厘米	
细条（筷子条）	细条宽 0.4 ~ 0.5 厘米，长 5 ~ 7 厘米	
加工步骤	原料去皮 ──→ 洗净 ──→ 推切成厚片 ──→ 推切成条	

[巩固提高]

将 500 克脆性的植物性原料，运用直刀法先推切成厚片，再推切成条。

训练内容	原料成型——段	
训练刀法	直刀法——推切	
训练原料	萝卜或土豆	
训练用具	刀、菜墩、盛器、抹布	
形　状	规　格	
粗　段	粗段宽约 1 厘米，长约 3.5 厘米	
细　段	细段宽约 0.8 厘米，长约 3 厘米	
宽　段	宽段直径以原料自身宽度为准，长约 5 厘米	
加工步骤	原料去皮 ➔ 洗净 ➔ 推切成厚片 ➔ 推切成条 ➔ 推切成段	

[巩固提高]

> 将 500 克植物性原料，运用直刀法先推切成厚片，再推切成条，最后推切成段。

练习时，随时保持正确的姿势，慢慢养成习惯。

注意喽!

2) 拉切

训练内容	直刀法——拉切的操作方法，拉切练习切丝
训练目标	掌握直刀法——拉切的技术要领
训练原料	萝卜、土豆或猪肉
训练用具	刀、菜墩、盛器、抹布
技术要领	左手扶稳原料，右手持刀，用刀刃的后部对准原料被切部位，刀具自上而下，由左前方向右后方拉动切下去，将原料切断。基本方法与推切相同，只是运刀方向相反

续表

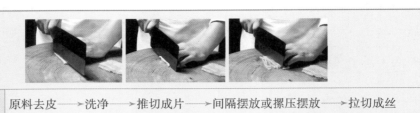

加工步骤	原料去皮——→洗净——→推切成片——→间隔摆放或摞压摆放——→拉切成丝

注意喽！

摞压摆放时应后片压前片。

[巩固提高]

将 500 克植物性原料，先运用直刀法的推切改刀成片，再拉切改刀成粗丝。

训练内容	原料成型——丝	
训练刀法	直刀法——推切、拉切	
训练原料	萝卜或土豆	
训练用具	刀、菜墩、盛器、抹布	
形　状	规　格	
粗　丝	粗丝宽约0.3厘米，长4～8厘米	
细　丝	细丝宽小于0.3厘米，长3～8厘米	
加工步骤	原料去皮——→洗净——→推切成片——→间隔摆放或摞压摆放——→拉切成丝	

[巩固提高]

将 500 克植物性原料，先运用直刀法的推切改刀成薄片，再拉切改刀成细丝。

注意喽！

拉切的用力方向和平时相反，刚开始
不习惯，应特别注意安全。

3）推拉切

训练内容	直刀法——推拉切的操作方法，推拉切练习切片、切条、切丁、切粒、切米、切末
训练目标	掌握直刀法——推拉切的技术要领
训练原料	萝卜、土豆或猪肉
训练用具	刀、菜墩、盛器、抹布

技术要领	原料不宜码放得太厚，运刀时先推后拉，动作要有连贯性，转换时不要停顿，要一气呵成，推切时不要将原料完全切断，拉切时再完全切断，一推一拉将原料加工成片或丝	

加工步骤	原料去皮 → 洗净 → 推拉切成片 → 阶梯状或摞压摆放 → 推拉切成丝

[巩固提高]

将 500 克植物性原料，运用直刀法的推拉切，先改刀成薄片，再改刀成细丝。

训练内容	原料成型——丁
训练刀法	直刀法——推切、推拉切
训练原料	萝卜、土豆或猪肉

续表

训练用具	刀、菜墩、盛器、抹布		
形　状		规　格	
菱形丁 骰子形丁 指甲形丁	大丁 2 厘米 ×2 厘米 ×2 厘米		
	中丁 1.2 厘米 ×1.2 厘米 ×1.2 厘米		
	小丁 0.8 厘米 ×0.8 厘米 ×0.8 厘米		
加工步骤	原料去皮 ——→ 洗净 ——→ 推切成厚片 ——→ 推拉切成条 ——→ 推切成丁		

[巩固提高]

将 500 克植物性原料，先运用直刀法的推切改刀成厚片，再用推拉切改刀成条，最后用推切改刀成丁。

训练内容	原料成型——粒		
训练刀法	直刀法——推切、推拉切		
训练原料	萝卜或土豆或猪肉		
训练用具	刀、菜墩、盛器、抹布		
形　状		规　格	
豌豆粒（大粒）	大粒 0.6 厘米 ×0.6 厘米 ×0.6 厘米		
绿豆粒（小粒）	小粒 0.4 厘米 ×0.4 厘米 ×0.4 厘米		
加工步骤	原料去皮 ——→ 洗净 ——→ 推切成厚片 ——→ 推切成条 ——→ 推切成段		

将 500 克植物性原料，先运用直刀法的推切改刀成厚片，再用推拉切改刀成条，最后用推切改刀成粒。

训练内容	原料成型——米	
训练刀法	直刀法——推切、推拉切	
训练原料	萝卜、土豆或猪肉	
训练用具	刀、菜墩、盛器、抹布	
形　状	规　格	
粗　米	0.3 厘米 ×0.3 厘米 ×0.3 厘米	
细　米	0.2 厘米 ×0.2 厘米 ×0.2 厘米	
加工步骤	原料去皮 ──→ 洗净 ──→ 推切成片 ──→ 推拉切成丝 ──→ 推拉切成米	

[巩固提高]

将 500 克植物性原料，先运用直刀法的推切改刀成片，再用推拉切改刀成粗丝，最后用推拉切改刀成米。

推拉切是加工肉丝时最常用的刀法，平时多注意练习。

注意喽！

4）锯切

训练内容	直刀法——锯切的操作方法，锯切练习切片、切条、切粒
训练目标	掌握直刀法——锯切的技术要领
训练原料	萝卜、土豆、猪肉或方面包
训练用具	刀、菜墩、盛器、抹布

续表

技术要领	锯切的运刀方法和推拉切基本相似，但行刀速度慢，下压力量小，需多次推拉将原料切断。有的书中会将推拉切和锯切归为一类	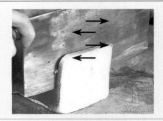

加工步骤	原料去皮 ——→ 洗净 ——→ 锯切成片 ——→ 锯切成条 ——→ 推切成粒	

[巩固提高]

将500克植物性原料，先运用直刀法的锯切改刀成厚片，再用推切或推拉切改刀成条，最后用推切或推拉切改刀成粒。

5) 直刀切（跳切）

训练内容	直刀法——直刀切的操作方法，直刀切练习切片、切丝
训练目标	掌握直刀法——直刀切的技术要领
训练原料	萝卜或土豆
训练用具	刀、菜墩、盛器、抹布

技术要领	右手持刀，刀身垂直于墩面，用刀刃的中前部对准原料被切的部位。左手扶稳原料，向后方移动，使刀距均匀相等。用小臂带动手腕用力，带动刀具上下连续抖动，将原料切断。刀刃抬起的高度不超过左手中指第一关节	

加工步骤	原料去皮 ——→ 洗净 ——→ 直刀切成片 ——→ 直刀切成丝	

[巩固提高]

将 500 克脆性的植物性原料，先用直刀法的直刀切改刀成片，再改刀成丝，最后用推切改刀成末。

注意喽！

直刀切速度较快，操作时应保持注意力集中，刀刃抬起时不得高于左手中指的第一关节。

6）滚料切

训练内容	直刀法——滚料切的操作方法，滚料切练习切块
训练目标	掌握直刀法——滚料切的技术要领
训练原料	萝卜、土豆、黄瓜或长茄子
训练用具	刀、菜墩、盛器、抹布

技术要领	左手扶稳原料，右手持刀，用直切或推切将原料切断。每切一刀，原料向后滚动一定角度（小于 180°），不能改变方向。原料和刀面的角度不是垂直的，而是有一定的夹角，可通过改变原料和刀面之间的角度，调节原料加工后形状的大小和厚薄	
加工步骤	原料去皮 ——→ 洗净 ——→ 滚料切成块	

[巩固提高]

将两根黄瓜，运用直刀法的滚料切切成块。

训练内容	原料成型——块	
训练刀法	直刀法——推切、推拉切、滚料切	
训练原料	萝卜、土豆、黄瓜或长茄子	
训练用具	刀、菜墩、盛器、抹布	
形　状	规　格	
大方块　小方块 滚料块　瓦楞块 骨牌块　梳背块 劈柴块　排骨块 象眼块	正方形	
	长方形	
	几何图形	
加工步骤	原料去皮 ——→ 洗净 ——→ 改刀成条 ——→ 改刀成块	

[巩固提高]

> 将 500 克植物性原料，运用直刀法的推切、推拉切、滚料切切成各种形状的块。

7）平刀直片

训练内容	平刀法——平刀直片的操作方法，平刀直片练习片成片	
训练目标	掌握平刀法——平刀直片的技术要领	
训练原料	萝卜、土豆或芥菜、咸菜	
训练用具	刀、菜墩、盛器、抹布	
技术要领	左手伸直，从原料上部扶按住，右手持刀，刀面与墩面平行，从右到左沿直线片进原料，进刀超过原料一半时，左手掌放在原料左侧挡住原料，一刀片到底将原料片断，不要前后推拉	
加工步骤	左手从上部扶按住 ——→ 从上部进刀片至一半 ——→ 左手顶住 ——→ 直片到底	

注意喽！

在平刀直片的最后要控制好力度，刀刃不要前后移动。

8) 平刀推片

训练内容	平刀法——平刀推片的操作方法，平刀推片练习片成片		
训练目标	掌握平刀法——平刀推片的技术要领		
训练原料	萝卜或土豆		
训练用具	刀、菜墩、盛器、抹布		
技术要领	左手伸直，从原料上部扶按住，手指向上微翘，以手指前端扶按原料，保证整个左手手掌自始至终位于刀的上方，扶按力度以固定住原料为准。右手持刀，刀面与墩面平行。上片从原料顶部进刀，下片从原料底部进刀。刀从右后方向左前方推动，将原料一层层片开	上片	
		下片	
加工步骤	左手从上部扶按住 ——→ 从右侧上部（或下部）进刀 ——→ 推片到底		

[巩固提高]

将 500 克植物性原料，先运用平刀法的平刀推片改刀成片，再运用直刀法的推切改刀成丝。

9）平刀拉片

训练内容	平刀法——平刀拉片的操作方法，平刀拉片练习片成片
训练目标	掌握平刀法——平刀拉片的技术要领
训练原料	萝卜或土豆
训练用具	刀、菜墩、盛器、抹布
技术要领	左手伸直，从原料上部扶按住，手势与平刀推片相同。右手持刀，刀面与墩面平行。刀从右前方朝左后方拉动，将原料片开
加工步骤	左手从上部扶按住 ——→ 从右侧上部进刀 ——→ 拉片到底

[巩固提高]

将 500 克植物性原料，先运用平刀法的平刀拉片改刀成片，再运用直刀法的推切改刀成丝。

10）平刀推拉片

训练内容	平刀法——平刀推拉片的操作方法，平刀推拉片练习片成片
训练目标	掌握平刀法——平刀推拉片的技术要领
训练原料	萝卜或土豆
训练用具	刀、菜墩、盛器、抹布
技术要领	左手伸直，从原料上部扶按住，保证整个左手手掌自始至终位于刀的上方，扶按力度以固定住原料为准。右手持刀，刀面与墩面平行。前推后拉，将原料一层层片开，推拉变换应始终保持在同一个平面上。上片从原料顶部进刀，下片从原料底部进刀 上片 下片
加工步骤	左手从上部扶按住 ——→ 从上部（或下部）进刀 ——→ 推拉片到底

> 将 500 克植物性原料，先运用平刀法的平刀推拉片改刀成片，再运用直刀法的推拉切改刀成丝。

11) 平刀抖片

训练内容	平刀法——平刀抖片的操作方法，平刀抖片练习片成片				
训练目标	掌握平刀法——平刀抖片的技术要领				
训练原料	萝卜、土豆或豆腐				
训练用具	刀、菜墩、盛器、抹布				
技术要领	左手从原料上部扶按住，右手持刀，刀面与墩面近乎平行，刀刃在片制过程中不断变换向上和向下移动的角度，使片出的原料呈现锯齿状或瓦楞状				
加工步骤	左手从上部扶按住 ——→ 从右侧进刀 ——→ 上推下拉 ——→ 变换角度片到底				

> 将 500 克豆腐干，运用平刀法的平刀抖片改刀成片。

训练内容	原料成型——茸	
训练刀法	其他刀法——捶、剁	
训练原料	豆腐或鸡肉	
训练用具	刀、菜墩、盛器、抹布	
形　状	规　格	
粗　茸	粗茸不需要过箩滤制	
细　茸	细茸需要过箩滤制	
加工步骤	原料洗净 ——→ 改刀成片 ——→ 改刀成丝 ——→ 改刀成末 ——→ 用刀背捶或剁成茸	

将 500 克豆腐，先运用平刀法的平刀抖片改刀成片，再运用直刀法的直刀切改刀成丝，再改刀成末，最后捶成茸。

12）滚料片

训练内容	平刀法——滚料片的操作方法，滚料练习片成片
训练目标	掌握平刀法——平刀滚料片的技术要领
训练原料	萝卜或黄瓜
训练用具	刀、菜墩、盛器、抹布
技术要领	左手从原料上部扶按住，右手持刀，刀面与墩面平行。采用推拉片下片的方式，一边片一边向左滚动原料，片出完整的、厚薄均匀的大片。刀推进的速度与原料滚动的速度保持一致
加工步骤	左手从上部扶按住 ——→ 从右侧下部进刀 ——→ 一边前后进刀一边向左方滚动原料 ——→ 一片到底

将 500 克黄瓜，先运用平刀法的滚料片改刀成片，再运用直刀法的直刀切改刀成丝。

13）斜刀正片

训练内容	斜刀法——斜刀正片的操作方法，斜刀正片练习片成片
训练目标	掌握斜刀法——斜刀正片的技术要领
训练原料	萝卜、土豆或豆腐干
训练用具	刀、菜墩、盛器、抹布
技术要领	左手从原料左侧扶按住，右手持刀，刀身倾斜，刀刃朝左方。从右前方朝左后方运刀，刀身倾斜角度保持一致，将原料片开
加工步骤	左手从左侧扶按住 ——→ 从原料左端上部进刀 ——→ 朝左下方运刀 ——→ 一片到底

将 500 克萝卜，先运用斜刀法的斜刀正片改刀成片，再运用直刀法的推切改刀成丝。

14）斜刀反片

训练内容	斜刀法——斜刀反片的操作方法，斜刀反片练习片成片		
训练目标	掌握斜刀法——斜刀反片的技术要领		
训练原料	萝卜、土豆或豆腐干		
训练用具	刀、菜墩、盛器、抹布		
技术要领	左手扶按住原料上部，右手持刀，倾斜贴于左手手指背部，刀刃朝右前方。从左后方朝右前方运刀，刀身倾斜角度保持一致，将原料片开		
加工步骤	左手从上部扶按住 ——→ 从原料右端上部进刀 ——→ 朝右下方运刀 ——→ 一片到底		

将 500 克萝卜，先运用斜刀法的斜刀反片改刀成片，再运用直刀法的拉切改刀成丝。

以上这些刀法是单一的、基础的刀法，下面我们来学习一些略微复杂的刀法。

注意喽！

15）直刀剞

训练内容	混合刀法——直刀剞的操作方法，直刀剞练习打花刀
训练目标	掌握混合刀法——直刀剞的技术要领
训练原料	萝卜或豆腐干
训练用具	刀、菜墩、盛器、抹布

技术要领	以直刀切为基础，切到原料一定深度时停止，控制好力度不完全将原料切断，在原料上形成均匀的、深浅一致的直线刀纹	
加工步骤	左手从上部扶按住 ——→ 从原料上部直刀切 ——→ 进刀深度约为原料厚度的 3/4 时停止 ——→ 再切下一刀	

[巩固提高]

将 500 克萝卜，运用混合刀法的直刀剞改刀，在原料表面剞上"十"字交叉、深度为原料厚度 3/4 的刀纹。

训练内容	原料成型——蓑衣花刀
训练刀法	混合刀法——直刀剞
训练原料	黄瓜
训练用具	刀、菜墩、盛器、抹布

加工步骤	在原料一面直刀剞斜一字刀纹，深度要超过原料厚度的一半 ——→ 180° 上下翻转原料 ——→ 直刀剞斜一字刀纹（与第一面刀纹夹角要大于 18°），深度要超过原料厚度的一半，两面刀口相交，原料不断
适用范围	适用于"拌""腌"等方法的制作

[巩固提高]

运用混合刀法的直刀剞，将 500 克黄瓜剞上蓑衣花刀。

刚开始练习时，可以在紧靠原料一边放一根筷子。

注意喽！

16）直刀推（拉）剞

训练内容	混合刀法——直刀推（拉）剞的操作方法，直刀推（拉）剞练习打花刀
训练目标	掌握混合刀法——直刀推（拉）剞的技术要领
训练原料	萝卜、豆腐干或猪腰子
训练用具	刀、菜墩、盛器、抹布
技术要领	以直刀推（拉）切为基础，切到原料一定深度时停止，控制好力度不完全将原料切断，在原料上形成均匀的、深浅一致的直线刀纹 
加工步骤	在原料内侧直刀推拉切直一字刀纹，进刀深度约为原料厚度的 3/4 时停止 —→ 再切下一刀

[巩固提高]

1. 将 1 条鲜鱿鱼，运用混合刀法的直刀推（拉）剞练习打花刀。
2. 将 2 个猪腰子，运用混合刀法的直刀推（拉）剞练习打花刀。

17）斜刀推（拉）剞

训练内容	混合刀法——斜刀推（拉）剞的操作方法，斜刀推（拉）剞练习打花刀
训练目标	掌握混合刀法——斜刀推（拉）剞的技术要领
训练原料	萝卜、豆腐干或猪腰子
训练用具	刀、菜墩、盛器、抹布
技术要领	以斜刀反片为基础，切到原料一定深度时停止，控制好力度不要将原料切断，要在原料上形成均匀的、深浅一致的直线或弧线刀纹
加工步骤	在原料内侧斜刀推拉切，进刀深度约为原料厚度的 3/4 时停止 —→ 再切下一刀

[巩固提高]

1. 将 1 条鲜鱿鱼，运用混合刀法的斜刀推（拉）剞练习打花刀。
2. 将 2 个猪腰子，运用混合刀法的斜刀推（拉）剞练习打花刀。

训练内容	原料成型——麦穗形花刀
训练刀法	混合刀法——斜刀推（拉）剞、直刀推（拉）剞、直刀剖
训练原料	乌鱼、鱿鱼或猪腰子
训练用具	刀、菜墩、盛器、抹布

加工步骤	在原料内侧斜刀推（拉）剞，角度约45°，进刀深度约为原料厚度的3/5，刀距约0.5厘米——→旋转原料80°～90°——→直刀推（拉）剞或直刀剖，进刀深度约为原料厚度的4/5，刀距约0.3厘米——→改刀成块
适用范围	适用于"油爆双花""油爆鱿鱼花"等菜肴的制作

[巩固提高]

> 将2个猪腰子，先运用混合刀法的斜刀推（拉）剞，再运用混合刀法的直刀推（拉）剞练习打麦穗形花刀。

训练内容	原料成型——斜一字形花刀	
训练刀法	混合刀法——直刀推剞	
训练原料	鲤鱼或黄鱼	
训练用具	刀、菜墩、盛器、抹布	
形 状	规 格	
一指刀	刀距2～2.5厘米	
半指刀	刀距约0.5厘米	
加工步骤	在原料上直刀剞（或斜刀剞）斜一字刀纹——→翻面——→同样操作，刀纹相对应	
适用范围	适用于"干烧鱼"等菜肴的制作	

注意喽！

刀纹从鱼的头背部向尾腹部方向倾斜，两面对称。

训练内容	原料成型——柳叶形花刀
训练刀法	混合刀法——直刀拉剞
训练原料	鲤鱼、黄鱼或鲳鱼
训练用具	刀、菜墩、盛器、抹布

加工步骤	先在鱼身的正中间，从头至尾纵向剞一刀纹——→以这一刀纹为中线在左右两侧剞上形似叶脉状的刀纹——→翻面——→同样操作，刀纹相对应
适用范围	适用于"清蒸鱼""清炖鱼"等菜肴的制作

训练内容	原料成型——十字形花刀
训练刀法	混合刀法——直刀推（拉）剞
训练原料	鲤鱼、黄鱼或鲳鱼
训练用具	刀、菜墩、盛器、抹布
加工步骤	在鱼身上运用直刀（或斜刀）均匀地剞上交叉十字形刀纹——→翻面——→同样操作，刀纹相对应
适用范围	适用于"清蒸鱼""清炖鱼"等菜肴的制作

训练内容	原料成型——月牙形花刀
训练刀法	混合刀法——斜刀推（拉）剞
训练原料	鲤鱼、黄鱼或鲳鱼
训练用具	刀、菜墩、盛器、抹布
加工步骤	在鱼身上运用斜刀均匀地剞上弯曲似月牙形的刀纹——→翻面——→同样操作，刀纹相对应
适用范围	适用于"红烧鱼"等菜肴的制作

训练内容	原料成型——翻刀形花刀（牡丹形花刀）
训练刀法	混合刀法——斜刀推（拉）剞
训练原料	鲤鱼、黄鱼或鲳鱼
训练用具	刀、菜墩、盛器、抹布

加工步骤	斜刀或直刀剞至鱼骨 →改成平刀法贴骨向鱼头方向行刀 2～2.5 厘米→依次从头到尾完成 5～7 刀（刀距约 3.5 厘米）→翻面→同样操作，刀纹相对应
适用范围	适用于"糖醋鱼"等菜肴的制作

注意喽！ 传统鲁菜"糖醋鱼"上下两面剞刀数不一样，为上七下八。

训练内容	原料成型——菊花形花刀
训练刀法	混合刀法——直刀推（拉）剞、斜刀推（拉）剞、平刀推拉片
训练原料	鲤鱼、草鱼、鸡胗、鸭胗或猪肉
训练用具	刀、菜墩、盛器、抹布
加工步骤	方法 1：运用直刀（斜刀）推（拉）剞在原料上剞上横竖交错的刀纹，两刀呈 90° 夹角，进刀深度约为原料厚度的 4/5 →改刀成块 方法 2：运用直刀推（拉）片将原料片成一端相连的片→直刀推（拉）剞切成一端相连的丝→改刀成块
适用范围	适用于"糖醋菊花鱼""茄汁菊花肉""油爆鸭胗""菊花豆腐"等菜肴的制作

训练内容	原料成型——松鼠形花刀
训练刀法	混合刀法——直刀推（拉）剞、斜刀推（拉）剞、平刀推拉片
训练原料	鲤鱼、草鱼或梭形鱼类
训练用具	刀、菜墩、盛器、抹布

加工步骤	切下鱼头 ——► 平刀推拉片取下尾部相连的两片鱼肉 ——► 去掉大骨 ——► 由头到尾运用斜刀推（拉）剞成鱼皮相连的夹刀片 ——► 原料旋转 90° ——► 直刀推（拉）剞，与斜刀刀纹交叉 ——► 另一面同样操作
适用范围	适用于"茄汁松鼠鱼""珊瑚鱼"等菜肴的制作

训练内容	原料成型——锯齿形花刀
训练刀法	混合刀法——直刀推（拉）剞，直刀推（拉）切
训练原料	鱿鱼或乌龟
训练用具	刀、菜墩、盛器、抹布
加工步骤	在原料内侧直刀轻剞，进刀深度约为原料厚度的 1/4 ——► 原料旋转 90° ——► 直刀推（拉）剞，进刀深度约为原料厚度的 3/4 ——► 每隔一刀切断原料，即为锯齿形夹刀条
适用范围	适用于"芫爆鱿鱼条"等菜肴的制作

训练内容	原料成型——梳子形花刀
训练刀法	混合刀法——直刀推（拉）剞、斜刀片

训练原料	猪腰子、茄子
训练用具	刀、菜墩、盛器、抹布
加工步骤	在原料上用直刀推（拉）剞上刀纹，进刀深度约为原料厚度的 3/5 ——→ 原料旋转 90° ——→ 斜刀片成片（片成夹刀片为鱼鳃形花刀）
适用范围	适用于"焅腰片"等菜肴的制作

18）其他刀法

剔	左手扶稳原料，右手持刀，用刀尖或刀跟沿骨骼下刀，将骨肉分离或取下原料中的一部分		铡	两手分别握住刀柄和刀背前端，两手交替上下用力切断原料，或将刀尖着墩、刀柄抬高，刀刃压住原料，刀柄用力下压切断原料	
排	用刀尖或刀跟，将原料的筋和纤维斩断				
捶	用刀背敲击原料，使原料质地变松散或制成泥茸				
背	刀近乎放平，用刀刃将软烂的原料碾抹成泥茸		拍	刀身放平，用刀面将原料拍松或拍碎	

剁	分单刀剁和双刀剁，左手不用扶住原料，刀具上下运动，比直切略用力，略微抬高，将无骨原料加工成碎末或泥茸		剖	用刀尖、刀刃或刀跟将原料破开	
			斩	刀身垂直，刀刃压住原料，左手掌用力向下拍击刀背，切断原料	

削	直削法：左手持原料，右手持刀；刀刃朝外，向下倾斜；往外轻推小臂，去掉原料表皮或将原料加工成一定形状	
	旋削法：左手持稳原料，右手持刀片进原料表面。同时，左手旋转原料，右手持刀跟进，片掉原料表皮	

砍	直刀砍：左手扶稳原料，右手握紧刀柄并举起，对准原料被切部位，用力向下挥动小臂砍开原料	
	跟刀砍：先将刀刃嵌入原料被砍部位，原料与刀一起举起，再一起用力向下砍落，将原料砍断	
	开片砍：右手持刀，高举到头部，用力向下将大型原料砍成两半。现在酒店已经改用电锯完成此项操作	

训练内容	原料成型——球
训练刀法	其他刀法——削、剜
训练原料	土豆或萝卜
训练用具	刀、菜墩、盛器、抹布

续表

形　状	规　格	
大　球	大球直径约 2.5 厘米	
小　球	小球直径为 1.5 ～ 2 厘米	
加工步骤	方法 1：在原料上直接用球勺剜成不同规格的球	
	方法 2：原料改刀成大方丁 ——→ 削成球	
适用范围	适用于"烧""扒"等菜肴的制作	

[训练过程评价参考标准]

评分内容	标准分	扣分幅度	扣分原因			
姿　势	30	1 ~ 20	弯腰驼背 1 ~ 5	持刀方法不正确 1 ~ 5	扶料手势不正确 1 ~ 10	运刀姿势不正确 1 ~ 10
合理加工	20	1 ~ 15	浪费原料 1 ~ 5	原料使用不合理 1 ~ 5	加工方法不合理 1 ~ 5	纹理方向不正确 1 ~ 5
观　感	30	1 ~ 15	尺寸不准 1 ~ 5	粗细不均匀 1 ~ 5	刀距不均匀 1 ~ 5	成型不美观 1 ~ 5
时间卫生	20	1 ~ 15	地面脏乱 1 ~ 5	操作台面脏乱 1 ~ 5	操作时间超时 1 ~ 5	清洁卫生不彻底 1 ~ 5
备　注	1. 凡操作过程中出现危险操作的，整个训练过程评定为 0 分 2. 各项扣分总数不得超过该项目扣分幅度					

[巩固提高]

> 将脆性植物性原料，运用削的方法修成 10 个球。

模块 4

冷菜出品训练

训练目标
◇ 使学生初步掌握冷菜制作的操作技能，并能根据不同季节制作并组合一般筵席冷菜。

训练内容
◇ 项目 1　植物性原料的制作方法
◇ 项目 2　动物性原料的制作方法
◇ 项目 3　拼盘的制作

◇ 学习制作冷菜的各种烹调方法，并能运用这些烹调方法制作出相应的冷菜菜品。
◇ 冷菜在整个筵席中占有十分重要的地位，冷菜的质量直接影响整桌筵席的质量。冷菜的制作是非常关键的一个环节。一名优秀的厨师必须是全面发展的，既要懂理论，又要会操作；既能制作冷菜，又能制作热菜、面点。只有这样，才能更好地适应餐饮市场的发展。

项目 1　植物性原料的制作方法

[项目导入]

　　植物性原料能为人体提供糖类、维生素、矿物质以及少量的蛋白质和脂类等营养素，而且其特含的纤维素和果胶质等，对维持人类肠道健康具有重要作用，其可分为粮食类（谷类、豆类、薯类）和果蔬类（果品类、蔬菜类），种类繁多，复杂多样。

[项目要求]

　　1. 使学生能够掌握和区分各种植物性原料的冷菜制作烹调方法，注重味型变化和风味特色。

　　2. 注意清洁卫生，避免交叉污染。

任务准备

1. 工作服穿戴整齐。
2. 实训用具准备齐全。

任务 1　根茎类原料

[任务要求]

　　1. 掌握根茎类原料冷菜制作方法的操作要领。

　　2. 熟练掌握用根茎类原料制作冷菜的操作过程和成菜特点。

　　3. 注意操作安全和卫生。

[任务实施]

必做菜品	★★★	选做菜品	★★	拓展菜品	★
带有此标志的为学生必须实训的菜品		带有此标志的，可以有选择地作为学生实训菜品或举一反三菜品实训		带有此标志的作为教师拓展演示菜品	

　　注：本书后面章节"★"的意思同此处。

1）糖醋红丁　★★★

使用原料	红丁萝卜 300 克，糖 30 克，白醋 15 克，盐 5 克
烹调方法	腌
菜品图例	
工艺流程	红丁萝卜洗净去根蒂，用刀拍碎━━▶加盐腌制━━▶洗去盐味，沥干水分━━▶加入糖、白醋继续腌制入味━━▶装盘
成菜特点	酸甜适口，萝卜爽脆，色泽美观
温馨提示	注意拍红丁萝卜时的力度，拍碎、拍裂但保持不散

2）糖醋萝卜丝　★★★

使用原料	心里美萝卜 300 克，糖 50 克，米醋 50 克，香油 3 克
烹调方法	腌
菜品图例	
工艺流程	心里美萝卜去皮，切成粗 0.2 厘米的丝━━▶糖、米醋兑在一起，将糖搅化━━▶浇在萝卜丝上拌匀，腌制入味━━▶淋入香油拌匀━━▶装盘
成菜特点	色泽艳丽，甜酸适口，口感清脆
温馨提示	心里美萝卜要先顶刀切片，再切丝

3）老虎菜　★★★

使用原料	洋葱 50 克，大葱 50 克，青、红尖椒 100 克，香菜 20 克，酱油 10 克，盐 3 克，米醋 5 克，味精 2 克，香油 3 克
烹调方法	拌
菜品图例	

工艺流程	洋葱，大葱，青、红尖椒分别切丝，香菜切段——→加盐、酱油、味精、香油、米醋拌匀装盘
成菜特点	口味清香火辣
温馨提示	青、红尖椒一定要选辣的，才能突出老虎菜辛辣的特点

4) 珊瑚藕片　★★★

使用原料	鲜藕 300 克，干红辣椒 5 克，姜 10 克，糖 75 克，白醋 100 克，盐 5 克
烹调方法	腌
菜品图例	
工艺流程	干红辣椒、姜切丝——→鲜藕去皮切薄片，焯水冲凉——→加盐，干红辣椒丝、姜丝，糖，白醋腌制入味——→装盘
成菜特点	红白相间，酸甜可口
温馨提示	1. 鲜藕切后要用清水冲洗净，避免变色 2. 腌制时加入少量鲜柠檬汁，味道会更好

5) 老醋花生　★★★

使用原料	炸花生米 200 克，黄瓜丁 30 克，青红椒丁各 10 克，洋葱丁 20 克，香菜段 10 克，山西老陈醋 80 克，蚝油 5 克，香油 2 克，糖 60 克
烹调方法	拌
菜品图例	
工艺流程	所有调料兑成汁，把糖化开（或熬成汁）——→加入其他原料拌匀——→装盘
成菜特点	香酥脆口，酸爽不腻
温馨提示	1. 炸好的花生米一定要摊凉使其变脆，现拌现吃，否则花生米被味汁浸泡久了，口感和风味会变差 2. 调味中陈醋的量可多一点，香而不腻，熬好的汁一定要趁热淋在花生米上，味道才最佳

6) 炝拌莴笋丝 ★★★

使用原料	莴苣 300 克，蒜 10 克，姜 5 克，干辣椒 5 克，花椒 2 克，盐 5 克，糖 5 克，香醋 10 克，油 30 克
烹调方法	炝
菜品图例	
工艺流程	莴苣切丝，蒜切末，姜切丝 ——→ 莴苣丝焯水冲凉，挤干水分 ——→ 加盐、糖、香醋拌匀 ——→ 撒蒜末、姜丝 ——→ 花椒、干辣椒用油炸香 ——→ 浇在面上拌匀 ——→ 装盘
成菜特点	色泽翠绿，口感清脆爽口
温馨提示	1. 莴苣丝焯水的时候放盐，能保持莴苣的翠绿色 2. 炸花椒要用小火，才能出香味

7) 蓝莓山药 ★★★

使用原料	山药 500 克，蓝莓果酱 100 克，蜂蜜 30 克，淡奶油 50 克，盐 1 克
烹调方法	蒸
菜品图例	
工艺流程	山药去皮蒸熟 ——→ 趁热压成泥，加盐和淡奶油充分搅匀 ——→ 装裱花袋挤出装盘 ——→ 蓝莓果酱、蜂蜜调匀淋在表面
成菜特点	绵软香甜，色彩艳丽
温馨提示	山药切成片更易蒸熟，山药泥不要结块

8) 桂花糯米藕 ★★★

使用原料	莲藕 2 节，糯米 150 克，红枣 8 ~ 9 颗，红糖 45 克，糖桂花 30 克，冰糖 30 克，碱 2 克
烹调方法	蒸

续表

菜品图例	
工艺流程	糯米浸泡 2 小时 —→ 莲藕一端切开洗净 —→ 灌入糯米封口 —→ 加水煮至 5 成熟 —→ 加碱、红枣、红糖、冰糖煮至熟透，莲藕变红时取出放凉 —→ 改刀装盘 —→ 淋上糖桂花
成菜特点	色泽红亮，口感软糯，油润香甜，桂花香气浓郁
温馨提示	1. 填进莲藕的糯米不要填得太实，因为糯米熟后还要膨胀 2. 煮糯米藕的水不宜过多，没过莲藕即可，用小火慢慢将汤汁的甜味煮进去

[巩固提高]

　　在制作好实习菜品的基础上，能够举一反三，丰富菜品品种和口味。课后查阅资料，独立制作几款类似的菜品。

🧁任务 2　叶菜类原料

[任务要求]
　　1. 掌握叶菜类原料冷菜制作方法的操作要领。
　　2. 熟练掌握用叶菜类原料制作冷菜的操作过程和成菜特点。
　　3. 注意操作安全和卫生。

[任务实施]

　　1）酸辣白菜　★★★

使用原料	白菜 200 克，糖 20 克，白醋 15 克，盐 25 克，香油 20 克，姜 20 克，干红辣椒 25 克
烹调方法	炝、腌
菜品图例	

工艺流程	姜、干红辣椒切丝──→白菜洗净，改刀成条──→加盐腌制──→洗净挤干水分──→加入姜丝、干红辣椒丝──→锅中加香油烧热，浇在姜丝、干红辣椒丝上──→其他调料调制成汁──→淋在白菜上
成菜特点	白菜脆嫩，酸甜香辣，爽口开胃
温馨提示	白菜用盐腌制后，一定用清水把多余的盐分洗净

为什么白菜要先加盐腌制？

想一想

2) 香拌苦菊 ★★★

使用原料	苦菊 250 克，大蒜泥 15 克，盐 5 克，陈醋 15 克，香油 5 克，去皮花生米碎 20 克，味精 3 克，糖 15 克
烹调方法	拌
菜品图例	
工艺流程	苦菊择洗干净，改刀成段──→加所有调味料拌匀装盘──→撒上去皮花生米碎
成菜特点	口味咸香，脆嫩爽口，酸甜适口
温馨提示	用辣椒丝炝一下，口味更佳

3) 拌合菜 ★★★

使用原料	菠菜 200 克，泡过水的粉丝 100 克，胡萝卜 50 克，蒜 15 克，盐 3 克，醋 10 克，味精 2 克，香油 3 克
烹调方法	拌
菜品图例	

续表

工艺流程	胡萝卜切丝，蒜切末──→菠菜、泡过水的粉丝焯水切段过凉──→加胡萝卜丝、蒜末、盐、味精、醋、香油拌匀──→装盘
成菜特点	清爽利口，色彩丰富
温馨提示	加熟芝麻口味更香

4）麻酱冰草　★★

使用原料	冰草 200 克，芝麻酱 50 克，生抽 5 克，醋 3 克，糖 5 克，香油 2 克，凉开水 30 克
烹调方法	拌
菜品图例	
工艺流程	冰草择洗干净放入盘中──→芝麻酱加生抽、醋、糖、凉开水、香油调成汁──→浇在冰草上
成菜特点	口味咸香，脆嫩爽口
温馨提示	冰草本身带有咸味，所以酱汁不宜过咸，要以增加香味为主

[巩固提高]

　　在制作好实习菜品的基础上，能够举一反三，丰富菜品品种和口味。课后查阅资料，独立制作几款类似的菜品。

任务3　花、瓜果、豆类原料

[任务要求]

　　1.掌握花、瓜果、豆类原料冷菜制作方法的操作要领。

　　2.熟练掌握用花、瓜果、豆类原料制作冷菜的操作过程和成菜特点。

　　3.注意操作安全和卫生。

[任务实施]

1) 海米拌黄瓜 ★★★

使用原料	黄瓜 300 克，海米 30 克，香菜 10 克，生抽 10 克，大蒜 15 克，香油 5 克，味精 5 克，盐 3 克，醋 30 克
烹调方法	拌
菜品图例	
工艺流程	海米用热水泡发——→大蒜捣泥——→香菜切段，黄瓜拍碎后改刀成块——→加生抽、醋、香油、盐、味精、蒜泥、海米拌匀——→装盘
成菜特点	清香爽口，脆嫩多汁
温馨提示	1. 捣蒜泥时加点盐，效果会更好 2. 黄瓜一定要拍碎后再改刀成块，不要切成片

想一想

1. 捣蒜泥时为什么要加盐？
2. 黄瓜为什么要拍碎，而不是切成片？

2) 蓑衣黄瓜 ★★★

使用原料	黄瓜 300 克，干辣椒丝 2 克，糖 60 克，醋 100 克，盐 10 克，姜丝 5 克，油 30 克
烹调方法	炝、腌
菜品图例	
工艺流程	黄瓜剞上蓑衣花刀，加盐腌制 10 分钟——→用清水洗净，挤干水分——→姜丝、干辣椒丝用烧热的油浇香，加糖、醋调成汁——→放入黄瓜，浸泡腌制 1 小时使其入味——→捞出装盘
成菜特点	清淡爽口，酸甜稍辣
温馨提示	挤干水分时不要把黄瓜挤碎

3) 凉拌秋葵　★★★

使用原料	秋葵 250 克，姜 5 克，蒜 30 克，红杭椒 2 个，盐 2 克，糖 3 克，味精 2 克，生抽 15 克，香醋 15 克，香油 3 克，油 15 克
烹调方法	拌
菜品图例	
工艺流程	秋葵洗净，竖向剖开——→焯水过凉摆盘——→姜、蒜切末，红杭椒切丁后用烧热的油浇香——→加盐、生抽、味精、糖、香醋、香油调成汁——→浇在秋葵上
成菜特点	脆嫩多汁，滑润不腻，香味独特
温馨提示	1. 焯水时加盐、油，过凉是为了保持爽脆口感和翠绿色泽 2. 忌用铜、铁器皿烹饪或盛装，否则秋葵会很快变色

4) 炝西兰花　★★★

使用原料	西兰花 300 克，姜 15 克，蒜泥 10 克，盐 3 克，味精 3 克，花椒 4 克，油 30 克
烹调方法	炝、拌
菜品图例	
工艺流程	西兰花洗净改刀成小块——→沸水烫透，过凉沥干水分——→姜切丝——→西兰花中加入调料拌匀，放入姜丝——→炝入炸制的花椒油——→拌匀装盘
成菜特点	色泽碧绿，味美鲜嫩，质脆爽口
温馨提示	注意控制好花椒炸制的火候

5) 皮蛋豆腐　★★★

使用原料	内酯豆腐 1 盒，皮蛋 1 个，青杭椒 10 克，红杭椒 10 克，香葱 10 克，米醋 50 克，生抽 10 克，香油 5 克
烹调方法	拌

菜品图例	
工艺流程	内酯豆腐改刀装盘——→香葱切丁——→皮蛋，青、红杭椒，香葱丁加生抽、米醋、香油调成汁——→浇在内酯豆腐上
成菜特点	色泽艳丽，清滑爽口，营养丰富
温馨提示	1. 内酯豆腐先反放，切去 4 个小角，再撕去正面的封膜，就可以非常容易取出完整的豆腐 2. 内酯豆腐可改刀成片、丁、条等形状

6）香椿拌豆腐　★★★

使用原料	卤水豆腐 300 克，香椿芽 50 克，盐 5 克，味精 3 克，香油 5 克
烹调方法	拌
菜品图例	
工艺流程	卤水豆腐切丁后焯水——→香椿芽烫水切末——→加盐、味精、香油拌匀——→装盘
成菜特点	清淡爽口，软嫩清香
温馨提示	1. 卤水豆腐焯水一是去除豆腥味，二是成型时不易碎 2. 新鲜的香椿芽要用 75 ℃热盐水烫一下，去掉涩味，颜色和香气才会更佳

7）炝拌豆腐丝　★★★

使用原料	豆腐皮 300 克，胡萝卜丝 50 克，香菜 10 克，干辣椒 5 克，生抽 10 克，盐 2 克，油 30 克
烹调方法	炝、拌
菜品图例	

工艺流程	豆腐皮切丝与胡萝卜丝一起焯水——→加香菜、盐、生抽拌匀——→油炸干辣椒——→浇在豆腐皮上拌匀——→装盘
成菜特点	柔软筋道，香辣开胃
温馨提示	1. 豆腐皮用开水略烫一下即可保持柔软筋道，煮太久的豆腐皮会变糟，不建议久煮 2. 干辣椒和油要趁热浇在豆腐皮上

8) 卤汁豆腐 ★★★

使用原料	豆腐 2 000 克，葱、姜各 20 克，老抽 50 克，油 1 000 克（实耗 100 克），料酒 30 克，盐 30 克，味精 5 克，八角 4 粒，桂皮 10 克，干辣椒 2 克
烹调方法	卤
菜品图例	
工艺流程	豆腐改刀成厚片——→热油炸至外表酥脆，色泽金黄——→锅中加清水放上述所有调料烧沸煮 20 分钟，煮出香味——→加入炸好的豆腐用小火卤制 30 分钟入味——→改刀装盘
成菜特点	色泽金黄，豆腐松软，味香
温馨提示	炸制后如果在豆腐表面剞上蓑衣花刀，更易入味

9) 烧椒拌茄子 ★★★

使用原料	茄子 300 克，青尖椒 100 克，红尖椒 20 克，蒜 20 克，味精 2 克，生抽 10 克，辣鲜露 10 克，陈醋 10 克，盐 1 克，香油 5 克
烹调方法	蒸、拌
菜品图例	
工艺流程	茄子撕条，蒸熟装盘——→青、红尖椒用火烤熟——→青、红尖椒，蒜捣烂，加所有调料调匀——→浇在茄子上
成菜特点	茄子软糯，口味独特
温馨提示	茄子不要蒸得太烂，青、红尖椒烤熟后要保留点煳皮

10) 木瓜奶酪　★★

使用原料	红肉木瓜一个，牛奶 250 克，动物性鲜奶油 250 克，糖 50 克，吉利丁片 2 片
烹调方法	冻
菜品图例	
工艺流程	吉利丁片用冷水泡软──→红肉木瓜竖向剖开，用勺子把瓤掏净──→牛奶、动物性鲜奶油、糖用小火加热至 80 ℃关火──→加入吉利丁片搅拌至完全溶化──→过滤后倒进红肉木瓜里──→封保鲜膜──→冰箱冷藏 4 个小时──→红肉木瓜去皮，改刀装盘
成菜特点	金黄洁白，滑爽香甜
温馨提示	只能冷藏放置，不要为了节省时间放冷冻室，因为冷冻后奶冻会结冰，木瓜会出水变软

[巩固提高]

> 在制作好实习菜品的基础上，能够举一反三，丰富菜品品种和口味。课后查阅资料，独立制作几款类似的菜品。

🧁 任务 4　食用菌类原料

[任务要求]

　　1.掌握食用菌类原料冷菜制作方法的操作要领。

　　2.熟练掌握用食用菌类原料制作冷菜的操作过程和成菜特点。

　　3.注意操作安全和卫生。

[任务实施]

　　1）洋葱拌木耳　★★★

使用原料	水发木耳 150 克，白洋葱 100 克，红尖椒 50 克，香菜 15 克，盐 3 克，生抽 10 克，味精 2 克，香醋 10 克，香油 3 克
烹调方法	拌

菜品图例	
工艺流程	红尖椒、白洋葱切丝，香葱切段──→水发木耳择洗干净，焯水过凉──→加红尖椒丝、白洋葱丝、香菜段──→加入调味料拌匀──→装盘
成菜特点	口味辛辣爽口
温馨提示	加点熟油，口感更佳

想一想

如何切洋葱不刺激眼睛？

2）芥末金针菇　★★★

使用原料	鲜金针菇 200 克，黄瓜 100 克，盐 3 克，白糖 5 克，芥末油 5 克
烹调方法	拌
菜品图例	
工艺流程	黄瓜切丝──→鲜金针菇洗净，焯水过凉──→加黄瓜丝──→加入调味料拌匀──→装盘
成菜特点	口感脆滑，辛辣刺鼻
温馨提示	鲜金针菇焯水时间不要太长，以免软烂

3）葱油口蘑　★★★

使用原料	鲜口蘑 300 克，青杭椒 20 克，红杭椒 20 克，大葱 25 克，糖 5 克，盐 5 克，油 20 克
烹调方法	炝、拌

菜品图例	
工艺流程	青、红杭椒切粒——→鲜口蘑切片焯水——→加糖、盐拌匀——→放上青、红杭椒粒——→用大葱制葱油——→浇在青、红杭椒粒上——→拌匀装盘
成菜特点	咸鲜香辣，葱油味浓郁
温馨提示	口蘑切片后泡水，避免变色

4）凉拌杏鲍菇　★★★

使用原料	杏鲍菇 300 克，香葱 10 克，蒜 5 克，姜 3 克，味精 2 克，青、红杭椒各 20 克，生抽 10 克，糖 5 克，蚝油 10 克，辣椒油 10 克
烹调方法	拌
菜品图例	
工艺流程	香葱，蒜，姜，青、红杭椒切碎末，加生抽、蚝油、糖、味精、辣椒油调成汁——→杏鲍菇蒸熟，撕成条——→挤干水分——→加入调好的汁——→拌匀装盘
成菜特点	咸鲜香辣，口感爽滑
温馨提示	葱、姜、蒜不喜欢生吃的，可用少量油炒香

[巩固提高]

　　在制作好实习菜品的基础上，能够举一反三，丰富菜品品种和口味。课后查阅资料，独立制作几款类似的菜品。

检测项目	操作流程正确	符合口味特点	注重卫生和节约	按时完成制作时间	菜肴成型美观
分值100	20	20	20	20	20
学生自评20%					
学生互评20%					
教师评价60%					
建议方法				总　分	

项目 2　动物性原料的制作方法

[项目导入]

动物性原料主要为人体提供蛋白质、脂肪、矿物质、维生素 A 和维生素 B。不同类型的动物性原料的营养价值相差较大，但是给人体提供的蛋白质十分接近。

[项目要求]

1. 注意清洁卫生，避免交叉污染。

2. 使学生能够掌握和区分各种动物性原料的冷菜制作烹调方法、注重味型变化和风味特色。

1. 工作服穿戴整齐。
2. 实训用具准备齐全。

任务 1　禽类原料

[任务要求]

1. 掌握禽类原料冷菜制作方法的操作要领。

2.熟练掌握用禽类原料制作冷菜的操作过程和成菜特点。

3.注意操作安全和卫生。

[任务实施]

1）怪味鸡　★★★

使用原料	鸡腿 2 个（约 600 克），熟花生米碎 10 克，蒜末 10 克，葱段 10 克，姜块 5 克，熟白芝麻 3 克，花椒油 10 克，酱油 5 克，醋 10 克，糖 10 克，香油 5 克，辣椒油 15 克，盐 3 克，料酒 10 克，芝麻酱 20 克，香菜末 2 克
烹调方法	煮
菜品图例	
工艺流程	鸡腿加葱段、姜块、料酒放入水中煮至断生 ——→ 流水冲凉，放入冰水中浸透 ——→ 改刀成 1 厘米厚的片 ——→ 其他调料调成汁，淋在鸡腿上 ——→ 撒上熟花生米碎和香菜末
成菜特点	麻、辣、酸、甜、鲜、咸、香
温馨提示	鸡腿煮完后立刻冲凉水、浸冰水，可使鸡皮更脆、鸡肉更加滑嫩和有弹性

2）白斩鸡　★★★

使用原料	三黄鸡 1 只（约 1 000 克），葱 15 克，姜 10 克，蒜 5 克，香油 5 克，盐 5 克，糖 2 克，味精 2 克，油 20 克
烹调方法	煮
菜品图例	
工艺流程	三黄鸡浸热水 40 秒，取出后浸冰水 10 秒 ——→ 反复操作 3 次 ——→ 小火煮熟，浸入凉开水中冷却 ——→ 晾干表皮，抹上香油 ——→ 葱、姜、蒜切末后用热油浇香，加盐、糖、味精、煮鸡的汤调成蘸料汁 ——→ 鸡斩块装盘，跟蘸料汁一起上桌
成菜特点	鸡肉熟而不烂，皮爽肉滑，肥嫩鲜美
温馨提示	1. 浸冰水是为了让鸡皮爽脆 2. 保持锅里的水不沸腾，利用水的热度把鸡浸透、泡熟，这样鸡肉会比较嫩

3）椒麻鸡　★★

使用原料	三黄鸡1只（约1 000克），香葱30克，红小米椒5克，花椒10克，香油3克，盐3克，糖2克，味精2克，生抽10克
烹调方法	煮
菜品图例	
工艺流程	三黄鸡浸热水40秒，取出浸冰水10秒──→反复操作2次──→小火煮熟，浸入凉开水中冷却──→晾干表皮，抹上香油──→花椒焙香，去花椒籽──→香葱、花椒、红小米椒剁细碎，加盐、糖、味精、生抽、香油、煮鸡的汤调成椒麻汁──→鸡斩块装盘，淋上椒麻汁上桌
成菜特点	鸡皮爽脆，鸡肉紧实，麻香醇厚
温馨提示	1. 浸冰水是为了让鸡皮爽脆 2. 保持锅里的水不沸腾，利用水的热度把鸡浸透、泡熟，这样鸡肉会比较嫩

4）泡椒凤爪　★★

使用原料	鸡爪300克，野山椒罐头1瓶，葱15克，姜15克，蒜5克，香叶2片，花椒3克，八角1个，料酒15克，盐3克，白醋30克
烹调方法	煮、腌
菜品图例	
工艺流程	一部分葱、姜切片──→鸡爪焯水──→加葱、姜、花椒、八角、香叶、料酒煮开──→关火焖10分钟，冲凉──→斩成3块──→加野山椒和汁、姜片、蒜片、盐、白醋，冷藏腌制至少30分钟使其入味──→装盘
成菜特点	酸辣爽口，皮韧肉香，开胃解腻
温馨提示	1. 鸡爪捞出，用自来水冲凉，这样可以避免后期出现胶质 2. 加入老坛泡菜水腌制，味道会更好

5）凉拌无骨鸡爪　★★

使用原料	鸡爪500克，小米辣3个，葱25克，姜25克，蒜25克，香叶2片，花椒3克，八角1个，料酒15克，盐2克，白醋10克，生抽10克，蚝油10克，糖10克，味精3克，辣椒油15克，花椒油15克，熟芝麻3克

烹调方法	煮、拌
菜品图例	
工艺流程	小米辣切圈，一部分姜切末，一部分葱切葱花，蒜切末 ——→ 鸡爪焯水 ——→ 加水、葱、姜、花椒、八角、香叶、料酒煮开 ——→ 关火焖10分钟，冲凉 ——→ 剔骨 ——→ 加小米辣圈、葱花、姜末、蒜末、盐、糖、白醋、生抽、蚝油、味精、辣椒油、花椒油、熟芝麻拌匀 ——→ 腌制入味
成菜特点	鸡爪劲道，麻辣鲜香
温馨提示	去骨后的鸡爪在腌料中泡的时间越长越入味

6）醉鸡 ★

使用原料	鸡腿500克，葱20克，姜20克，绍兴花雕酒550克，盐5克，糖30克，花椒5克，生抽15克
烹调方法	煮、腌
菜品图例	
工艺流程	鸡腿焯水后加葱、姜10克、花椒2克煮熟，放凉 ——→ 加切好的姜片10克、绍兴花雕酒、盐、糖、生抽、花椒3克浸没鸡腿，冷藏腌制6小时以上 ——→ 捞出改刀装盘
成菜特点	酒香浓郁，肉质鲜嫩，味美爽口
温馨提示	绍兴花雕酒最好选用5～8年的陈年酒，浸出的醉鸡才会更加酒香浓郁，回味无穷

7）水晶鸭条 ★★

使用原料	仔鸭半只（500克），琼脂15克，盐3克，葱、姜各10克，味精2克，鸡清汤500克
烹调方法	冻

续表

菜品图例	
工艺流程	仔鸭经初步加工后焯水洗净——→琼脂用冷水浸泡回软,加鸡清汤熬化——→仔鸭加入调味料蒸熟再去掉鸭骨——→皮朝下摆入方盘中——→倒入冻汁——→凉透定型——→切成粗条装盘
成菜特点	质地柔嫩,图形美丽,咸鲜味多
温馨提示	仔鸭蒸熟后去掉鸭皮再改刀成粗条

8) 金陵盐水鸭 ★

使用原料	仔鸭1只(1 500克),精盐100克,葱段20克,姜块10克,花椒10粒,五香粉1克,八角3个
烹调方法	腌、煮
菜品图例	
工艺流程	仔鸭经初步加工后洗净,改刀去掌翼——→精盐、花椒、八角和五香粉炒热,擦遍鸭的全身,放进鸭腹内腌制3小时——→放入卤水中浸泡3小时——→取出晾干——→锅中加清水、葱段、姜块及调味料,大火烧开改小火煮40分钟至熟透——→晾凉改刀装盘
成菜特点	皮肉紧实,鲜香可口
温馨提示	仔鸭要选用南方的湖鸭

9) 卤香乳鸽 ★

使用原料	乳鸽4只,盐12克,料酒40克,葱、姜各30克,糖10克,老抽15克,八角4个,丁香2克,小茴香2克
烹调方法	卤

菜品图例	
工艺流程	乳鸽经初步加工后焯水洗净——→锅中加水，加入以上所有调料、香料——→加热烧沸煮 20 分钟——→放入乳鸽小火开锅卤制约 10 分钟——→浸泡 30 分钟入味即可
成菜特点	色泽酱红，咸香味美
温馨提示	加工时注意保持表皮完整不破

10) 桶子油鸡　★★

使用原料	三黄鸡 1 只（约 1 200 克），葱、姜各 15 克，八角 1 个，桂皮 5 克，小茴香 5 克，香叶 5 片，老抽 30 克，料酒 10 克，盐 10 克，味精 5 克，糖 10 克，香油 5 克
烹调方法	酱
菜品图例	
工艺流程	三黄鸡经初步加工后洗净——→用小竹筒插入鸡腹撑开肛门——→焯透水——→锅中加清水、葱、姜、香料及上述调味品——→大火烧开，小火熬制 40 分钟成酱汤——→把鸡放入酱汤中，用小火煮至成熟——→中火收紧酱汤浇在鸡身上——→刷上香油——→改刀装盘
成菜特点	皮香肉嫩，色泽金黄
温馨提示	用小竹筒撑开鸡肛门，便于腔内的水流通，注意煮鸡的火候

11) 麻辣鸭脖　★

使用原料	鸭脖 500 克，葱 15 克，姜 10 克，蒜 10 克，料酒 15 克，盐 2 克，酱油 15 克，冰糖 50 克，八角 1 个，麻椒 10 克，桂皮 5 克，干辣椒 10 克，丁香 1 克，草果 2 个，香叶 2 片，白芷 2 克，豆蔻 2 个，小茴香 3 克，甘草 5 克，油 15 克
烹调方法	酱

菜品图例	
工艺流程	鸭脖去掉表面的筋膜洗净，焯水——→用油炒香所有香料——→加入鸭脖、水和所有调料煮30分钟——→捞出晾干表皮——→浸泡至充分入味——→改刀装盘
成菜特点	麻辣十足，筋道劲爽
温馨提示	用烤箱烤一下，口感更好

12) 茶香熏鸡 ★★

使用原料	三黄鸡 1 只，酱汤适量，茶叶 10 克，米 50 克，糖 30 克，香油 5 克
烹调方法	酱、熏
菜品图例	
工艺流程	三黄鸡经初步加工后焯水洗净——→用酱汤煮熟入味——→取出晾干表面——→米炒香——→锅中铺锡纸，放上米、糖、茶叶烧至起烟——→放入笸子，摆上鸡，盖锅盖密封——→小火熏制 5 分钟后取出——→表面抹上香油——→撕碎装盘
成菜特点	皮香脆韧，肉质细嫩，香而不腻，回味悠长，色泽诱人
温馨提示	鸡尽量避免因熏制时间过长而发苦

[巩固提高]

　　在制作好实习菜品的基础上，能够举一反三，丰富菜品品种和口味。课后查阅资料，独立制作几款类似的菜品。

任务 2　畜类原料

[任务要求]

　　1.掌握畜类原料冷菜制作方法的操作要领。

2. 熟练掌握用畜类原料制作冷菜的操作过程和成菜特点。

3. 注意操作安全和卫生。

[任务实施]

1）洋葱拌脂渣 ★★

使用原料	五花肉脂渣 150 克，洋葱丝 100 克，香菜段 15 克，米醋 5 克，味极鲜酱油 10 克，蚝油 5 克
烹调方法	拌
菜品图例	
工艺流程	洋葱丝加米醋、味极鲜酱油、蚝油拌匀——➤再加入五花肉脂渣、香菜段拌匀——➤装盘
成菜特点	口感酥脆，鲜香味美
温馨提示	洋葱切丝后晾一会，辛辣味会轻一些

2）肉丝拉皮 ★★

使用原料	鲜拉皮 250 克，猪里脊肉 100 克，黄瓜 100 克，水发木耳 50 克，胡萝卜 50 克，鸡蛋 1 个，大蒜 15 克，盐 3 克，酱油 5 克，米醋 15 克，香油 3 克，甜面酱 15 克，油 50 克，糖 5 克，芥末油 2 克，花生酱 50 克
烹调方法	拌
菜品图例	
工艺流程	黄瓜、水发木耳、胡萝卜、鸡蛋摊皮分别切丝装盘，围成圆圈——➤中间放上拉皮丝——➤再放上用甜面酱炒香的肉丝——➤花生酱加蒜末、凉开水和所有调料（甜面酱除外）调成酱汁——➤装小碗内——➤上桌拌食
成菜特点	色泽鲜艳，清香辛酸
温馨提示	1. 拉皮用绿豆粉做，效果会更好 2. 芥末油易挥发，临上桌前再将其加入酱汁中调匀

3）凉拌牛百叶 ★★

使用原料	牛百叶 250 克，香葱段 20 克，红椒丝 15 克，香菜段 10 克，干辣椒段 5 克，盐 2 克，生抽 10 克，姜末 15 克，蒜末 15 克，米醋 5 克，糖 5 克，味精 2 克，植物油 10 克
烹调方法	拌
菜品图例	
工艺流程	牛百叶切丝焯水沥干加香葱段、红椒丝、香菜段——→干辣椒段、姜末、蒜末用植物油炸香——→加盐、生抽、米醋、糖、味精调成汁——→倒入牛百叶中拌匀——→装盘
成菜特点	口感爽脆，香辣开胃
温馨提示	牛百叶焯水的时间不要太长，避免老韧

4）酱香牛肉 ★★

使用原料	牛肉 1 500 克，葱、姜各 20 克，料酒 15 克，老抽 30 克，甜面酱 100 克，盐 20 克，糖 40 克，味精 5 克，桂皮 10 克，花椒 5 克，白芷 5 克，小茴香 5 克，丁香 4 克，八角 1 个
烹调方法	酱
菜品图例	
工艺流程	牛肉洗净改刀成大块——→沸水焯水至断生洗净——→锅中加水放入葱、姜、香料及其他调料，烧沸煮 30 分钟煮成酱汤——→加入牛肉小火煮焖至熟烂入味——→改刀装盘
成菜特点	酱香味醇，牛肉酥烂
温馨提示	牛肉最好选用牛腱部位

5）拌猪肝 ★★★

使用原料	酱猪肝 200 克，白洋葱 75 克，大葱 50 克，盐 2 克，味精 2 克，糖 5 克，生抽 15 克，米醋 5 克，辣椒油 15 克
烹调方法	拌

菜品图例	
工艺流程	酱猪肝切大薄片 ——→ 白洋葱、大葱切丝 ——→ 加调料拌匀 ——→ 装盘
成菜特点	色泽红亮，香辣开胃
温馨提示	1. 酱猪肝选火候轻的，质地比较软 2. 酱猪肝切得薄一些，易于入味

6）蒜泥白肉　★★

使用原料	带皮五花肉 250 克，蒜泥 50 克，辣椒油 30 克，葱段 10 克，姜块 5 克，香油 5 克，辣酱油 30 克，糖、味精适量
烹调方法	煮、拌
菜品图例	
工艺流程	辣酱油加糖、味精熬浓稠，制成复合酱油 ——→ 带皮五花肉加葱段、姜块、水煮至断生 ——→ 切大薄片，用开水烫透捞出 ——→ 加蒜泥拌匀 ——→ 放熬好的复合酱油、辣椒油、香油拌匀 ——→ 装盘
成菜特点	香辣鲜美，蒜味浓厚，爽脆嫩滑，肥而不腻
温馨提示	1. 五花肉不要煮老，断生即可 2. 肉片烫完后趁热放入蒜泥拌匀，利用热度烫出蒜香味 3. 熬复合酱油时，糖、味精可以多放一些，晾凉后多余的糖和味精会沉淀在底部，只取用上面浓稠的汁即可

7）红油耳丝　★★

使用原料	酱猪耳 200 克，大葱 50 克，香菜 15 克，蒜 10 克，生抽 15 克，糖 3 克，味精 2 克，辣椒油 30 克，熟芝麻 3 克
烹调方法	酱、拌
菜品图例	

工艺流程	大葱切丝，香菜切段，蒜切末──→酱猪耳切丝──→加大葱丝、香菜段、蒜末，生抽，糖，味精，辣椒油，熟芝麻拌匀──→装盘
成菜特点	色泽红亮，质地脆爽，香辣可口
温馨提示	酱猪耳在切丝时，可先将耳根较厚部位用平刀片成大片，再切成丝

8）炝腰片 ★★

使用原料	猪腰子 300 克，黄瓜片 30 克，红椒片 10 克，水发木耳 10 克，花椒 5 克，盐 5 克，味精 5 克，油 30 克，醋 5 克，料酒 10 克
烹调方法	炝
菜品图例	
工艺流程	猪腰子去腰臊，片成大薄片──→腰片加料酒焯水，过凉控干水分──→加盐、黄瓜片、味精、红椒片、水发木耳、醋拌匀──→花椒用油炸香，滗出花椒──→热油浇在原料上，立刻盖上闷 15 秒钟──→拌匀装盘
成菜特点	爽嫩味美，食而不腥，略带麻苦
温馨提示	1. 要现拌现烫，否则容易回生 2. 花椒用慢火炸香，避免炸煳，浇的花椒油一定要热，并立刻盖严防止气味挥发

9）拌肚丝 ★★

使用原料	熟猪肚 200 克，大葱 30 克，青、红尖椒各 15 克，香菜 10 克，盐 2 克，生抽 15 克，米醋 5 克，花椒油 5 克
烹调方法	拌
菜品图例	
工艺流程	熟猪肚，大葱，青、红尖椒切丝，香菜切段──→加调料拌匀装盘
成菜特点	味道脆嫩鲜香，清爽适口
温馨提示	猪肚煮得火候不足，发硬嚼不动；火候太大，酥烂切不出丝，也没有嚼劲

10) 夫妻肺片　★★

使用原料	卤牛肉 100 克，卤牛舌 50 克，卤牛头皮 50 克，卤牛心 50 克，卤金钱肚 100 克，油酥花生碎 15 克，熟芝麻 5 克，酱油 15 克，辣椒油 25 克，花椒粉 5 克，味精 5 克，盐 2 克，老卤水 30 克
烹调方法	拌
菜品图例	
工艺流程	所有卤味分别切薄片码面装盘——→所有调料调成汁，浇在卤味上——→撒上油酥花生碎和熟芝麻
成菜特点	色泽红亮，质嫩味鲜，麻辣浓香
温馨提示	调汁时加入的老卤水是指卤制卤味的原卤水，这样更能起味提香

11) 镇江肴肉　★

使用原料	带皮蹄髈 7 500 克，黄酒 20 克，粗盐 1 000 克，葱段 40 克，姜块 20 克，花椒 20 粒，八角 10 个，硝水 100 克
烹调方法	煮
菜品图例	
工艺流程	带皮蹄髈刮洗干净，改刀剔骨——→硝水、粗盐抹匀腌制——→清水浸泡去除涩味洗净——→锅中加清水、所有调料、香料及蹄髈焖煮 2 小时至熟——→捞出，蹄髈皮朝下浇上原汁，用重物压紧——→晾凉凝冻——→改刀装盘
成菜特点	皮白晶莹，肉色鲜红，卤冻透明
温馨提示	硝水的味道一定要去除干净

[巩固提高]

在制作好实习菜品的基础上，能够举一反三，丰富菜品品种和口味。课后查阅资料，独立制作几款类似的菜品。

🧁 任务3　水产类原料

[任务要求]

1.掌握水产类原料冷菜制作方法的操作要领。

2.熟练掌握用水产类原料制作冷菜的操作过程和成菜特点。

3.注意操作安全和卫生。

[任务实施]

1）白菜拌海蜇　★★

使用原料	海蜇皮400克，白菜200克，胡萝卜50克，香菜15克，蒜泥30克，盐2克，生抽5克，米醋25克，味精2克，香油3克
烹调方法	拌
菜品图例	
工艺流程	海蜇皮切丝，搓洗干净，焯水过凉──▶白菜、胡萝卜切丝，香菜切段后加蒜泥、盐、生抽、米醋、味精、香油拌匀──▶再放入海蜇皮拌匀──▶装盘
成菜特点	咸鲜爽脆，微酸适口
温馨提示	1.海蜇皮提前浸泡，去掉多余的盐分 2.用70～75℃的热水烫海蜇皮，水温过高海蜇皮会缩水并卷曲

2）葱拌八爪鱼　★★

使用原料	八爪鱼（章鱼）300克，大葱100克，盐5克，米醋15克，味精2克，香油2克
烹调方法	煮、拌
菜品图例	
工艺流程	大葱斜切段──▶八爪鱼洗净改刀，用开水煮熟捞出──▶加大葱段拌匀──▶加盐、米醋、味精、香油拌匀──▶装盘

成菜特点	鲜香美味，脆嫩可口
温馨提示	1. 八爪鱼的两个爪相互贴紧搓洗，可轻松洗净吸盘中的污物 2. 八爪鱼不要煮太长时间，断生即可，避免口感老韧 3. 八爪鱼趁热加入大葱段拌匀，以激发大葱的辛辣味，还可有效去除八爪鱼的腥味并降低大葱的辛辣刺激

3）葱香银鱼　★★

使用原料	小银鱼 300 克，大葱丝 100 克，干辣椒 5 克，生抽 10 克，盐 5 克，米醋 10 克，油 500 克
烹调方法	炸、拌
菜品图例	
工艺流程	小银鱼加盐腌制入味，用油小火炸干香捞出——→加大葱丝、生抽、米醋拌匀——→干辣椒用 5 克油炸香，加入拌匀——→装盘
成菜特点	辛辣鲜香，酥脆可口
温馨提示	小银鱼一定要用小火慢慢炸至干香、颜色金黄

4）红油炝鲜鱿　★★

使用原料	净鲜鱿鱼片 300 克，香菜段 30 克，葱丝 10 克，胡萝卜丝 10 克，红辣椒油 20 克，盐 4 克，味精 2 克，白糖 5 克，香油 5 克，白醋 3 克
烹调方法	炝、拌
菜品图例	
工艺流程	净鲜鱿鱼片改刀成片，用沸水烫熟捞出——→加香菜段、葱丝、胡萝卜丝、盐、味精、白糖、白醋、香油拌匀——→炝入烧热的红辣椒油——→拌匀装盘
成菜特点	色红而亮，鱿鱼洁白，口味咸鲜略辣
温馨提示	鱿鱼焯水时火候要小，不要过凉水

5) 老醋蜇头 ★★

使用原料	海蜇头 400 克，黄瓜 150 克，香菜 15 克，红杭椒 10 克，蒜 10 克，糖 15 克，生抽 5 克，蚝油 10 克，老陈醋 50 克，水淀粉 2 克，香油 2 克
烹调方法	炝、拌
菜品图例	
工艺流程	1. 锅中加糖、生抽、蚝油、老陈醋烧开——→水淀粉勾芡——→调制成老醋汁放凉备用 2. 香菜切碎，红杭椒切丁，蒜切末——→黄瓜拍碎垫盘底——→海蜇头片厚片，焯水过凉——→加香菜碎、红杭椒丁、蒜末、老醋汁、香油拌匀——→放在盘中的黄瓜上
成菜特点	颜色美观、醋香浓郁、酸中微甜、鲜美爽口
温馨提示	1. 海蜇头提前浸泡去掉多余的盐分，焯水时用 75 ℃的热水即可，水温过高海蜇头会缩水 2. 调制老醋汁时烧开即可，若时间太久醋味挥发，味道会变淡

6) 五香熏鱼 ★★

使用原料	鲅鱼 1 500 克，五香粉 15 克，料酒 30 克，葱段 30 克，姜片 15 克，酱油 30 克，盐 5 克，香油 5 克，糖 50 克，八角 2 个，花椒 5 克，桂皮 2 克，香叶 3 片，油 2 000 克
烹调方法	炸收
菜品图例	
工艺流程	鲅鱼切成厚 2 厘米的片，去内脏洗净——→加料酒 10 克、酱油、葱段、姜片腌制——→炸熟至半干——→葱段、姜片炒香，加剩余调料和水将鲅鱼用小火烧制入味——→收浓汁，淋香油
成菜特点	色泽银红，外酥里嫩，味道鲜美，五香味，甜味重
温馨提示	1. 腌鱼用的葱段、姜片要挑出，烧鱼时用 2. 五香粉分两次加入，先放一大半，出锅前再放余下的部分

7) 水晶虾仁 ★★

使用原料	虾仁 500 克，琼脂 30 克，精盐 8 克，味精 4 克，火腿 20 克，胡萝卜 20 克，香菜叶 10 克，葱姜各 15 克，料酒 20 克，鸡蛋（1 个）清，生粉 20 克，鸡清汤 400 克

烹调方法	冻
菜品图例	
工艺流程	虾仁洗净调味后加鸡蛋清、生粉上浆划油——→琼脂用冷水浸泡回软——→火腿、胡萝卜改刀成菱形片，沸水略烫——→火腿片、胡萝卜片、香菜叶摆在小碗底成花朵形——→虾仁放入碗内与碗口持平——→琼脂与适量鸡清汤加热融化，放调料——→撇去浮沫倒入碗中——→凉透翻扣盘中
成菜特点	晶莹透明，形美凉润
温馨提示	琼脂一定要熬到完全融化没有絮状物，浮沫要撇干净

8) 麻辣醉蟹钳 ★★

使用原料	花蟹蟹钳 500 克，葱段 10 克，姜片 10 克，蒜片 15 克，青、红杭椒各 20 克，鲜藤椒 10 克，味精 2 克，鸡精 2 克，糖 15 克，花雕酒 50 克，蚝油 20 克，麻辣鲜露 30 克，青芥辣 2 克，高度白酒 30 克
烹调方法	腌
菜品图例	
工艺流程	花蟹蟹钳用高度白酒拌匀腌制 30 分钟杀菌——→拍裂——→再放入用其他调料调制的腌汁中——→浸泡腌制 6 小时
成菜特点	蟹钳的肉质细嫩，麻辣鲜甜
温馨提示	蟹钳只是轻轻拍裂即可，便于入味

[巩固提高]

在制作好实习菜品的基础上，能够举一反三，丰富菜品品种和口味。课后查阅资料，独立制作几款类似的菜品。

检测项目	操作流程正确	符合口味特点	注重卫生和节约	按时完成制作时间	菜肴成型美观
分值100	20	20	20	20	20
学生自评20%					
学生互评20%					
教师评价60%					
建议方法			总　分		

项目 3　拼盘的制作

[项目导入]

　　所谓拼盘，就是将冷菜拼摆得整齐划一，对称均衡，拼摆出各种花样，具有很高的艺术欣赏性，而不是把冷菜原料随意地堆砌起来。

[项目要求]

　　1.要求学生有精细的刀工、较高的审美水平和想象力。

　　2.制作的拼盘要具有观赏性和实用性，不可华而不实、牵强附会。

　　3.正确掌握凉菜拼摆中的垫底、围边、盖面等手法。

> 1. 工作服穿戴整齐。
> 2. 实训用具准备齐全。

任务 1　单拼的制作

[任务要求]

　　1.掌握"单拼"的操作要领。

2.熟练掌握"单拼"的拼制方法和步骤。

3.注意操作安全、卫生，节约用料。

[任务实施]

单拼就是每盘菜肴中只用一种冷菜原料拼制，拼摆形状有叠排桥形、排围、叠围、盘旋、插围单拼等。

单拼 ★★★

使用原料	鸡肉肠 1 根（250 克）
菜品图例	
拼摆制法	1. 将鸡肉肠竖着一切两半，成两个半圆形，再切成长约 5 厘米、厚约 1.5 毫米的片 2. 将鸡肉肠片分别叠排成两个扇形面和一个直面。扇形面每扇 13 ~ 15 片，左右对称；直面每扇 22 ~ 24 片 3. 另将一部分鸡肉肠切成细丝，呈圆形放在盘中垫底，先围上两边扇形面，再摆上直面成桥形即可
温馨提示	1. 垫底原料要切成细丝，不要剁成茸泥 2. 盖面原料切的片厚薄要均匀，拼叠的距离要一致，码放的方向要统一

[巩固提高]

课后使用单一原料独立制作单拼码面。

🧁 任务2 双拼的制作

[任务要求]

1.掌握"双拼"的操作要领。

2.熟练掌握"双拼"的拼制方法和步骤。

3.注意操作安全、卫生，节约用料。

[任务实施]

双拼就是把两种冷菜原料装在一个盘里拼摆而成，形成一个软面，一个硬面。

双拼 ★★★

使用原料	鸡肉肠 1 根（150 克），白萝卜 1 根（200 克）
菜品图例	
拼摆制法	白萝卜去皮切丝，用适量盐和油腌制入味，备用。少许鸡肉肠切丝垫底，剩余的切片，一部分摆成一个扇形面围在一旁，另一部分再摆成一个直面覆盖在上面，呈半圆形，再把腌好的白萝卜丝堆放在另一旁，修整成半圆形即可。除了这种摆法以外，还有其他摆法，如一侧两层都可拼摆成扇形等
温馨提示	1. 选择拼摆原料时要注意其性质和软、硬面的搭配 2. 两个面的高度要一致

[巩固提高]

> 课后使用两种原料独立制作双拼码面。

任务 3　三拼的制作

[任务要求]

1. 掌握"三拼"的操作要领。
2. 熟练掌握"三拼"的拼制方法和步骤。
3. 注意操作安全、卫生，节约用料。

[任务实施]

三拼就是把 3 种冷菜原料装在一个盘里拼制而成，使 3 个面很好地结合在一起。

三拼 ★★★

使用原料	白萝卜、胡萝卜、午餐肉
菜品图例	

拼摆制法	分别将白萝卜、胡萝卜切成长方形片，用盐和油腌制入味，午餐肉也切成同样大小的片，备用。将剩余原料切片在盘中垫底摆成均匀的三等份。再将三种原料片分别拼摆成上下两个扇形面，覆盖在垫好的底料上即可
温馨提示	1. 选料要注意色彩、软硬度、性质等方面的因素 2. 3 个面要均等，整齐划一

[巩固提高]

课后使用 3 种原料独立制作三拼码面。

🧁 任务 4 什锦拼盘的制作

[任务要求]

　　1. 掌握"什锦拼"的操作要领。

　　2. 掌握"什锦拼"的拼制方法和步骤。

　　3. 注意操作安全、卫生，节约用料。

[任务实施]

　　1）什锦拼盘 ★★

　　什锦拼盘就是把多种不同的冷菜原料装在一个盘里拼制而成。这种冷盘的拼装技术要求外形整齐美观，切配精巧细腻，颜色深浅协调。

使用原料	黄瓜、心里美萝卜、黄蛋糕、胡萝卜、白蛋糕、土豆泥等	
菜品图例		
拼摆制法	1. 将黄瓜、心里美萝卜、胡萝卜切成同样大小的长方形片，加油和适量的盐腌制备用 2. 黄、白蛋糕也切成同样大小的片，土豆泥调味放在盘中垫底 3. 分别将各种切好片的原料码成同等大小的面，覆盖在垫好底的土豆泥上即可	
温馨提示	1. 选料时要注意原料的性质和色彩相搭配 2. 刀工整齐划一，片的厚薄要一致；拼摆时，片与片的距离要均等 3. 蒸黄、白蛋糕时，蛋清和蛋白液中要加适量湿淀粉搅打均匀，且用小火，避免蒸出的蛋糕中有气泡出现，影响拼摆的质量	

[巩固提高]

> 课后根据需要选用多种原料独立制作什锦拼盘。

2) 花色冷盘 ★

花色冷盘就是用经过精细加工的原料，拼摆成花、鸟、鱼、虫等形状的冷盘。这种冷盘的特点是：制作难度大，艺术性强，要求色彩鲜艳，用料多样，注重食用，富有营养。

使用原料	可食用原料
菜品图例	
拼摆制法	将可食用的冷菜原料，根据所构思图案的需要切成厚薄均匀的不同形状的片，码放在垫底的原料上，摆放成造型美观的花色冷盘
温馨提示	1. 花色冷盘作为拓展的学习内容，有兴趣有能力的学生可以尝试操作 2. 拼出的冷盘不仅要具有可观赏性，更要具有可食用性

[巩固提高]

> 在练习单拼、双拼的基础上，逐步加强对什锦拼盘的制作练习，由简到繁、由平面拼摆到立体制作，充分体现什锦拼盘的特点。

[训练过程评价参考]

检测项目	刀工精细	拼摆成型美观、逼真	拼摆时间符合要求	注重卫生节约	操作程序准确
分值 100	20	30	15	20	15
学生自评 20%					
学生互评 20%					
教师评价 60%					
建议方法			总　分		

拓展知识

　　同学们在练习单拼、双拼和什锦拼的基础上，逐步加强对花色拼盘的制作练习，由简到繁、由平面拼摆到立体制作，提高拼摆技艺。

模块 5

热菜出品训练

训练目标

◇ 按照制作菜肴的标准和要求，对烹饪原料进行切配、加热、调味、装盘、美化，制作出各地区不同风味特点的菜品。使学生熟练掌握各类烹调方法，并能够举一反三，进一步提高学生的烹调技艺。

训练内容

◇ 项目1　炒、爆、炸、熘、烹
◇ 项目2　焖、烩、烧、扒、炖
◇ 项目3　煮、蒸、汆
◇ 项目4　煎、塌
◇ 项目5　焗、烤、爆
◇ 项目6　拔丝、挂霜、蜜汁

◇ 热菜制作是烹调的最终目的，热菜在整个宴席中占有十分重要的地位，热菜质量的好坏直接决定整桌筵席的质量。因此，热菜的制作是非常关键的一个环节。学习的过程，应该遵循由易到难、循序渐进的方法，逐步掌握热菜烹调所需要的各项技能。

[烹饪油温识别表]

油温分 10 成，每成油温 30 ℃，通常所说的油温程度所指的是每成油温的最高温度				
1 成油温	2 成油温	3 成油温	4 成油温	5 成油温
0 ~ 30 ℃	30 ~ 60 ℃	60 ~ 90 ℃	90 ~ 120 ℃	120 ~ 150 ℃
6 成油温	7 成油温	8 成油温	9 成油温	10 成油温
150 ~ 180 ℃	180 ~ 210 ℃	210 ~ 240 ℃	240 ~ 270 ℃	270 ~ 300 ℃

注：本书后面章节，涉及油温时，意义同此。

 项目 1　炒、爆、炸、熘、烹

[项目导入]

　　通过本项目的训练，学生应掌握每种烹调方法的火候变化和区别，要旺火速成，制作出的菜品具有清爽、酥脆、滑嫩等不同的风味特点，能够保证菜肴的质量。

[项目要求]

　　1. 了解炒、爆、炸、熘、烹等烹调方法形成的风味特点。

　　2. 掌握用炒、爆、炸、熘、烹等烹调方法制作菜肴的步骤和要点。

任务准备

1. 工作服穿戴整齐。
2. 实训用具准备齐全。

任务 1　炒

[任务要求]

　　1. 熟练掌握炒的烹调方法，并能制作以下实习菜品。

　　2. 运用炒的方法，拓展制作其他菜品。

[任务实施]

1) 香辣土豆丝 ★★★

使用原料	土豆 500 克，香菜 20 克，葱 20 克，蒜 2 瓣，干辣椒 10 克，青、红椒共 30 克，料酒 20 克，盐 5 克，味精 5 克，香油 1 克，汤 10 克，油 50 克
菜品图例	
切配流程	干辣椒去籽，青、红椒去籽，土豆去皮，葱、香菜洗净控水——→土豆切成长 5 ~ 7 厘米、粗 0.2 厘米的丝——→干辣椒切丝，青、红椒切丝，葱、香菜切寸段，蒜切末
烹制流程	1. 锅中加水烧开——→放入土豆丝和青、红椒丝焯水，倒出 2. 锅中加油烧至 3 成热——→爆香干辣椒丝、葱段、蒜末——→放入土豆丝，青、红椒丝略炒——→加料酒、盐、味精、汤——→加香菜、香油——→翻匀，出锅装盘
成菜特点	口感脆嫩爽口，口味咸鲜香辣，菜肴色调明快
温馨提示	1. 土豆发芽的部分有毒素不能食用，一定要去除干净 2. 土豆切丝时尽量粗细均匀 3. 土豆切好后，用清水洗一下，去掉多余的淀粉

[巩固提高]

课后认真记录菜肴制作的详细过程，做好训练笔记，并举一反三地进行类似菜肴的查询和练习。

2) 黄瓜炒肉片 ★★★

使用原料	黄瓜 400 克，去皮五花肉 100 克，葱花 10 克，香油 1 克，盐 3 克，味精 3 克，料酒 10 克，生抽 10 克，油 30 克
菜品图例	
切配流程	黄瓜洗净，顺切剖开呈半圆形长条，切成 0.3 厘米厚的片——→去皮五花肉顶刀切薄片

烹制流程	锅中加油烧至 2 成热——→炒香葱花——→放入肉片煸炒至颜色变白——→加料酒、盐、把肉炒入味——→放入黄瓜片，炒至断生——→加生抽、味精——→淋香油——→翻匀，出锅装盘
成菜特点	黄瓜清香脆嫩，口味咸鲜
温馨提示	1. 肉片要顶刀切，炒出的肉片才比较嫩 2. 炒制时注意火候，黄瓜不宜过软，颜色保持翠绿 3. 装盘时注意整洁

[巩固提高]

> 课后认真记录菜肴制作的详细过程，做好训练笔记，并举一反三地进行类似菜肴的查询和练习。

3）肉片炒菜花 ★★★

使用原料	白菜花 500 克，去皮五花肉 100 克，青椒 15 克，红椒 15 克，葱 10 克，姜 5 克，油 30 克，料酒 10 克，盐 8 克，酱油 5 克，味精 2 克，香油 1 克，汤 30 克
菜品图例	
切配流程	白菜花去硬根撕成小朵——→去皮五花肉切片——→青、红椒切三角形块，葱切丁——→姜切小菱形片
烹制流程	1. 锅中加水烧开，放入盐 5 克——→白菜花焯水倒出 2. 锅中加油烧热——→放入五花肉炒香——→再放入葱丁、姜片炒香——→加入白菜花，青、红椒块——→料酒、酱油、盐 3 克、味精、汤——→炒入味——→收汁，淋香油翻匀——→出锅装盘
成菜特点	口感爽脆，口味咸香，颜色翠绿
温馨提示	1. 绿色蔬菜焯水时，水中加盐可以促使入味并保持蔬菜色泽翠绿 2. 五花肉要煸炒至金黄色、出油，略带干香

[巩固提高]

> 课后认真记录菜肴制作的详细过程，做好训练笔记，并举一反三地进行类似菜肴的查询和练习。

4) 肉丝炒芹菜　★★★

使用原料	猪里脊肉 150 克，芹菜 250 克，葱 10 克，姜 10 克，料酒 10 克，盐 5 克，味精 2 克，清汤 30 克，花椒油 15 克，油 20 克
菜品图例	
切配流程	猪里脊肉切成长 6 厘米、粗 0.2 厘米的丝 ——→ 芹菜切成长 4.5 厘米、粗 0.5 厘米的段 ——→ 葱、姜切丝
烹制流程	1. 锅中加水烧开 ——→ 放入芹菜段焯水倒出 2. 锅中加油烧热 ——→ 炒香葱、姜丝 ——→ 加肉丝煸炒至八成熟 ——→ 烹入料酒 ——→ 加芹菜段、盐、清汤 ——→ 炒至断生 ——→ 加味精、花椒油 ——→ 出锅装盘
成菜特点	色泽美观，质地脆嫩，口味咸鲜
温馨提示	炒制时要旺火快炒，避免营养流失，以保持原料脆嫩

[巩固提高]

> 课后认真记录菜肴制作的详细过程，做好训练笔记，并举一反三地进行类似菜肴的查询和练习。

5) 松仁玉米　★★★

使用原料	熟玉米粒 500 克，松子仁 25 克，葱 5 克，青豆 20 粒，盐 2 克，水淀粉 15 克，葱油 10 克，油 100 克
菜品图例	
切配流程	葱切末
烹制流程	1. 锅中加油 100 克 ——→ 放入松子仁慢火炸香倒出 2. 锅中留底油 25 克 ——→ 炒香葱末 ——→ 加熟玉米粒、盐、水、青豆炒匀 ——→ 用水淀粉勾芡，淋葱油翻匀 ——→ 出锅装盘 ——→ 撒上炸好的松子仁
成菜特点	口感爽脆，口味清香，菜肴色调明快
温馨提示	1. 熟玉米粒最好选用罐装的 2. 熟玉米粒本身带有回甘，炒时不需要加糖

> 课后认真记录菜肴制作的详细过程，做好训练笔记，并举一反三地进行类似菜肴的查询和练习。

6）滑炒肉丝 ★★★

使用原料	猪外脊肉250克，冬笋100克，葱25克，鸡蛋（半个）清，盐5克，味精3克，料酒15克，湿淀粉30克，汤20克，油600克
菜品图例	
切配流程	猪外脊肉切成长7～8厘米、粗0.2～0.3厘米的丝——➤冬笋切成长4～5厘米、粗0.3厘米的丝——➤葱切成寸长的丝
烹制流程	1. 肉丝加料酒5克、盐2克、鸡蛋清、湿淀粉上浆 2. 锅中加水烧开——➤冬笋丝焯水倒出 3. 锅烧热，加油滑锅倒出——➤另加油，烧至3成热——➤放入肉丝滑油倒出 4. 锅中留底油50克——➤炒香葱丝——➤放冬笋丝、肉丝——➤加料酒10克、盐3克、味精、汤——➤翻炒均匀，收干汤汁，淋熟油——➤翻匀，出锅装盘
成菜特点	色泽洁白，质地滑嫩，粗细均匀，咸鲜适口
温馨提示	1. 肉丝一定要顺丝切 2. 上浆时蛋清、湿淀粉适量，不宜过多 3. 滑油时温度保持在3成热，炒时应旺火快炒

[巩固提高]

> 课后认真记录菜肴制作的详细过程，做好训练笔记，并举一反三地进行类似菜肴的查询和练习。

7）鱼香肉丝 ★★★

使用原料	猪瘦肉200克，冬笋100克，青、红尖椒各20克，水发木耳25克，四川泡椒15克，豆瓣辣酱30克，葱15克，姜10克，蒜2瓣，酱油10克，糖15克，醋15克，料酒20克，盐2克，味精5克，鸡蛋清半个，油800克，湿淀粉30克，水淀粉20克，汤50克

续表

菜品图例	
切配流程	猪瘦肉切成长6厘米、粗0.2厘米的丝——→葱切葱花，姜、蒜切末——→青、红尖椒，冬笋，水发木耳切成寸长的丝——→四川泡椒剁碎
烹制流程	1. 肉丝加料酒5克、盐、味精2克、鸡蛋清、湿淀粉上浆 2. 锅烧热，加油滑锅倒出——→另加油，烧至3成热——→放入肉丝滑油倒出 3. 锅中留底油75克——→炒香葱花、姜末、蒜末、泡椒碎——→放肉丝、豆瓣辣酱炒香——→加料酒15克，汤，酱油，糖，冬笋丝，青、红椒丝，木耳丝，炒入味——→加醋、味精3克——→水淀粉勾芡——→出锅装盘
成菜特点	色泽红亮，肉质细嫩，入口爽滑，咸甜酸辣兼备，葱、姜、蒜味浓郁
温馨提示	1. 肉丝要顺丝切 2. 快出锅时再放醋，放早了容易挥发而失去风味

[巩固提高]

课后认真记录菜肴制作的详细过程，做好训练笔记，并举一反三地进行类似菜肴的查询和练习。

8）京酱肉丝　★★★

使用原料	猪里脊肉300克，豆腐皮（或小单饼）12张，葱白200克，姜5克，甜面酱50克，料酒15克，湿淀粉20克，鸡蛋（半个）清，盐2克，味精2克，酱油10克，糖5克，油800克
菜品图例	
切配流程	1. 葱白切寸长的丝，码放在盘中 2. 猪里脊肉顺丝切成长6厘米、粗0.2厘米的丝——→姜切末
烹制流程	1. 肉丝加料酒5克、盐、味精、湿淀粉、鸡蛋清上浆 2. 锅烧热，加油滑锅倒出——→另加油800克，烧至3成热——→放入肉丝滑油倒出 3. 锅中留底油50克——→炒香姜末——→加甜面酱小火炒香——→加料酒10克、糖、酱油，小火炒香——→放入肉丝，炒入味——→出锅装盘，跟豆腐皮（小单饼）一起上桌
成菜特点	咸甜适中，酱香浓郁，风味独特
温馨提示	1. 炒酱时不要加水，要用小火、温油慢慢炒，并不停搅动，否则酱很容易煳锅 2. 甜面酱小火炒至冒泡、酱香味浓郁时再放肉丝

课后认真记录菜肴制作的详细过程，做好训练笔记，并举一反三地进行类似菜肴的查询和练习。

9) 清炒虾仁 ★★

使用原料	虾仁 300 克，葱 15 克，黄瓜 150 克，盐 5 克，料酒 15 克，鸡蛋（半个）清，高汤 25 克，湿淀粉 20 克，油 800 克，味精 3 克
菜品图例	
切配流程	黄瓜洗净剖开成半圆形长条，剔去瓤，切成 0.6 厘米厚的虾腰片——→虾仁去虾线，洗净——→葱切丁
烹制流程	1. 虾仁加料酒 5 克、盐 2 克、鸡蛋清、湿淀粉上浆 2. 锅烧热，加油滑锅倒出——→另加油 800 克，烧至 3 成热——→虾仁滑油倒出 3. 锅中留底油 50 克——→炒香葱丁——→放黄瓜片、盐 3 克略炒——→加虾仁、高汤、味精——→旺火炒匀，收干汤汁——→出锅装盘
成菜特点	鲜嫩清香，色泽美观
温馨提示	1. 掌握好滑油的油温，否则容易脱浆 2. 炒黄瓜片时，先不要加盐，否则黄瓜容易出水

课后认真记录菜肴制作的详细过程，做好训练笔记，并举一反三地进行类似菜肴的查询和练习。

10) 木须肉 ★★★

使用原料	猪瘦肉 100 克，鸡蛋 2 个，黄瓜 100 克，胡萝卜 25 克，水发木耳 50 克，葱 10 克，料酒 10 克，盐 5 克，酱油 10 克，油 75 克，香油 2 克
菜品图例	

切配流程	猪瘦肉顶刀切成长 3.5 厘米、宽 2.5 厘米、厚 0.2 厘米的片——→葱切成葱花——→胡萝卜、黄瓜切成菱形片，水发木耳摘小朵
烹制流程	1. 鸡蛋打散——→加盐 2 克搅匀 2. 锅中加油 25 克——→倒入鸡蛋液炒熟，倒出 3. 锅中加油 50 克——→放入葱花炒香——→加入肉片，炒至变色——→烹料酒，放木耳、胡萝卜片、黄瓜片略炒——→加酱油、盐 3 克，炒入味——→放入炒好的鸡蛋，吸收汤汁——→淋香油，翻匀出锅装盘
成菜特点	口味咸香，色彩鲜艳，营养丰富
温馨提示	1. 黄瓜切片时不要太薄，否则炒完太软 2. 鸡蛋炒得老一点会更香

[巩固提高]

> 课后认真记录菜肴制作的详细过程，做好训练笔记，并举一反三地进行类似菜肴的查询和练习。

11）爆炒鸡丁　★★★

使用原料	鸡腿肉 300 克，笋 100 克，葱 25 克，蒜 2 瓣，鸡蛋（半个）清，盐 5 克，味精 3 克，湿淀粉 15 克，料酒 15 克，汤 50 克，油 800 克，水淀粉 30 克
菜品图例	
切配流程	鸡腿肉切成边长 1.2 ~ 1.5 厘米的方丁——→笋切成边长 1 厘米的方丁——→葱切丁，蒜切片
烹制流程	1. 鸡丁加料酒 5 克、盐 2 克、鸡蛋清、湿淀粉抓匀上浆 2. 取一小碗加料酒 10 克、盐 3 克、味精、汤、水淀粉，碗内兑汁 3. 锅中加水烧开，放入笋丁焯水倒出 4. 锅烧热，加油滑锅倒出——→另加油，烧至 3 成热——→放入鸡丁滑油倒出 5. 锅中留底油 50 克——→爆香葱丁、蒜片——→放入鸡丁、笋丁——→倒入碗内兑好的汁——→旺火翻炒——→淋油，翻匀出锅装盘
成菜特点	色泽洁白，咸鲜滑嫩，明油亮芡
温馨提示	1. 笋丁改刀后要比鸡丁小 2. 油温 3 成热时滑油，温度不能过高 3. 往锅里倒入碗内兑好的汁时先搅匀

课后认真记录菜肴制作的详细过程，做好训练笔记，并举一反三地进行类似菜肴的查询和练习。

12）爆炒肉片　★★★

使用原料	猪肉200克（7成瘦，3成肥），冬笋25克，水发木耳25克，黄瓜30克，葱5克，姜5克，蒜10克，酱油20克，盐1克，湿淀粉20克，料酒5克，汤50克，味精1克，鸡蛋清15克，水淀粉30克，花椒油5克，油750克
菜品图例	
切配流程	猪肉切成长4厘米、宽2厘米的薄片——→冬笋、黄瓜切成象眼片——→水发木耳撕小朵——→葱、姜、蒜切末
烹制流程	1. 肉片加盐、鸡蛋清、湿淀粉、料酒5克抓匀上浆 2. 锅中加油烧热滑锅倒出——→另加油，烧至3成热——→下肉片滑熟倒出 3. 锅中留底油40克——→放入葱、姜、蒜末炒出香味——→放入肉片——→烹料酒——→放入冬笋片、木耳、黄瓜片——→加酱油、汤、味精——→用水淀粉勾芡——→淋上花椒油翻匀——→出锅装盘
成菜特点	酸甜咸鲜，色泽红亮
温馨提示	猪肉选前肘肉比较好，前肘肉的肉质不老不柴

课后认真记录菜肴制作的详细过程，做好训练笔记，并举一反三地进行类似菜肴的查询和练习。

13）宫保鸡丁　★★

使用原料	鸡腿肉300克，炸花生米75克，葱50克，蒜3瓣，油100克，干辣椒10个，花椒15粒，辣椒粉5克，料酒15克，湿淀粉20克，盐6克，米醋15克，酱油10克，糖10克，味精6克，鸡蛋（半个）清
菜品图例	

切配流程	鸡腿肉剞十字刀，切成 2 厘米的方丁——→葱切丁，蒜切片，干辣椒切段——→炸花生米去皮
烹制流程	1. 鸡丁加料酒 5 克、盐 3 克、味精 3 克、鸡蛋清、湿淀粉上浆 2. 料酒 10 克、糖、酱油、盐 3 克、味精 3 克放入碗内兑汁 3. 锅烧热，加油滑锅倒出——→另加油，放花椒小火炒出香味——→加干辣椒段炒至红褐色——→放鸡丁，大火炒散——→加葱丁、蒜片炒香——→放辣椒粉，炒出红油——→倒入碗内兑好的汁——→快速翻炒均匀——→加入炸花生米，烹米醋——→翻匀，出锅装盘
成菜特点	鸡肉弹嫩，香辣可口
温馨提示	1. 炒花椒、干辣椒段时要用小火，大火容易煳 2. 炒鸡丁时要用大火，不能炒太久，久了鸡丁会变老

[巩固提高]

课后认真记录菜肴制作的详细过程，做好训练笔记，并举一反三地进行类似菜肴的查询和练习。

14）五彩鸡丝 ★★★

使用原料	鸡胸肉 200 克，香菇 30 克，香菜梗 30 克，冬笋 30 克，红椒 30 克，葱 30 克，料酒 10 克，盐 3 克，糖 3 克，醋 1 克，味精 2 克，湿淀粉 20 克，白胡椒粉 0.5 克，香油 3 克，清汤 40 克，油 1 000 克
菜品图例	
切配流程	鸡胸肉切成粗 0.2 厘米、长 6 ~ 8 厘米的丝——→香菇、冬笋、红椒、葱切成寸长的丝——→香菜梗切寸段
烹制流程	1. 鸡丝加盐 1 克、料酒 3 克、味精 1 克、湿淀粉抓匀上浆 2. 盐 2 克、味精 1 克、糖、醋、白胡椒粉、清汤放入碗内兑汁 3. 锅中加油烧热后滑锅倒出——→另加油，烧至 3 成热——→将鸡丝下锅滑熟倒出 4. 锅中留底油 40 克——→炒香葱丝——→再加入香菇丝、红椒丝、冬笋丝略炒——→烹入料酒 7 克——→加入鸡丝——→倒入兑好的汁、香菜段——→急火快速颠翻炒匀，淋香油——→出锅装盘
成菜特点	鸡丝洁白细嫩，咸鲜微辣，色泽五彩缤纷
温馨提示	1. 此菜制作时不要勾芡 2. 此菜在锅中炒制时速度要快，避免原料之间互相串色

课后认真记录菜肴制作的详细过程，做好训练笔记，并举一反三地进行类似菜肴的查询和练习。

15）鸡丝掐菜　★★★

使用原料	鸡胸肉 200 克，掐菜 150 克，青椒 10 克，红椒 10 克，葱 10 克，料酒 10 克，盐 3 克，味精 1 克，鸡蛋清 20 克，湿淀粉 20 克，香油 1 克，汤 25 克，油 750 克
菜品图例	
切配流程	鸡胸肉切成长 6 ~ 8 厘米、粗 0.1 厘米的丝──→葱，青、红椒切丝
烹制流程	1. 鸡丝加料酒 5 克、盐 1 克、鸡蛋清、湿淀粉抓匀上浆 2. 锅中加水烧开──→放入掐菜焯水倒出 3. 锅中加油烧热滑锅倒出──→另加油，烧至 3 成热──→下鸡丝滑熟倒出 4. 锅中留底油 30 克──→炒香葱丝──→放入鸡丝，掐菜，青、红椒丝──→加料酒 5 克、盐 2 克、味精、汤──→快速炒匀，淋香油──→出锅装盘
成菜特点	口感爽脆滑嫩，口味咸鲜，色泽洁白
温馨提示	鸡丝滑熟时应注意油温，避免鸡丝干黄；掐菜要保持脆爽

[巩固提高]

课后认真记录菜肴制作的详细过程，做好训练笔记，并举一反三地进行类似菜肴的查询和练习。

16）回锅肉　★★

使用原料	带皮猪腿肉（或带皮五花肉）400 克，蒜苗 100 克，郫县豆瓣酱 30 克，豆豉 5 克，酱油 15 克，盐 1.5 克，味精 5 克，糖 10 克，料酒 10 克，干辣椒 10 克，油 800 克
菜品图例	

续表

切配流程	将带皮猪腿肉切成宽 5 厘米的长条，用水煮至断生，再切成厚 0.2 厘米、宽 4 厘米、长 8 厘米的片──→蒜苗洗净，切成 4 厘米长的段──→郫县豆瓣酱、豆豉剁细，干辣椒切段
烹制流程	1. 锅中加油烧至 4 ~ 5 成热──→放入肉片促油倒出 2. 锅中留底油 50 克──→放入肉片煸炒至出油──→加干辣椒炒香──→放郫县豆瓣酱炒香至炒出红油──→加料酒、豆豉、酱油、糖、盐，炒入味──→放味精、蒜苗段炒香──→出锅装盘
成菜特点	香味浓郁，红绿相衬，微辣回甜
温馨提示	1. 带皮猪腿肉煮制时火候要适中，断生即可，不要太烂，切片时每片都要带皮 2. 炒制肉片、郫县豆瓣酱时，火力不要太大，成菜要略带干香

[巩固提高]

课后认真记录菜肴制作的详细过程，做好训练笔记，并举一反三地进行类似菜肴的查询和练习。

17）五花肉炒小鱿鱼　★★

使用原料	小鱿鱼 250 克，去皮五花肉 200 克，韭菜 50 克，料酒 10 克，味精 3 克，盐 2 克，糖 5 克，白胡椒粉 0.5 克，生抽 15 克，葱 10 克，姜 5 克，蒜 2 瓣，花椒油 10 克，汤 50 克，油 30 克
菜品图例	
切配流程	小鱿鱼洗净──→去皮五花肉切成长 6 厘米、宽 3 厘米、厚 0.3 厘米的片──→葱切丁，姜、蒜切片，韭菜切寸段
烹制流程	锅中加油──→放入肉片煸炒至半干香、出油──→放葱丁、姜片、蒜片炒香──→加料酒、盐、生抽、糖、汤，烧出香味──→放小鱿鱼、白胡椒粉，烧入味──→加韭菜段、味精，收汁──→淋花椒油，出锅装盘
成菜特点	鲜香味浓，小鱿鱼的鲜和五花肉的香充分融合到一起
温馨提示	1. 小鱿鱼处理时要择洗干净，去掉体内的软骨 2. 五花肉一定要煸炒出油分至半干香，表面轻微发黄 3. 小鱿鱼炒制时间不要过长，否则鱿鱼质地会过老而影响口感

[巩固提高]

课后认真记录菜肴制作的详细过程，做好训练笔记，并举一反三地进行类似菜肴的查询和练习。

18) 炒肚丝 ★★

使用原料	熟猪肚 300 克，青椒 50 克，红椒 50 克，水发木耳 15 克，水淀粉 15 克，葱 15 克，蒜 15 克，清汤 50 克，料酒 10 克，盐 3 克，味精 2 克，花椒油 5 克，油 50 克
菜品图例	
切配流程	熟猪肚切成粗 0.6 厘米、长 6 厘米的丝——→青、红椒切丝——→水发木耳撕小朵——→葱切丁，蒜切片
烹制流程	1. 锅中加水烧开——→放入肚丝焯水倒出 2. 锅中加油烧热——→爆香葱丁、蒜片——→放入肚丝——→加料酒，清汤，盐，木耳，青、红椒丝，味精——→用水淀粉勾芡——→淋花椒油，翻匀——→出锅装盘
成菜特点	脆嫩爽口，口味咸香
温馨提示	熟猪肚要选用比较软烂的

[巩固提高]

　　　课后认真记录菜肴制作的详细过程，做好训练笔记，并举一反三地进行类似菜肴的查询和练习。

拓展菜品　　　　龙井虾仁　　　　　　辣子鸡

🧁 任务 2　爆

[任务要求]

　　1. 熟练掌握爆的烹调方法，并能制作以下实习菜品。

　　2. 运用爆的方法，拓展制作其他菜品。

1) 芜爆肉丝　★★★

使用原料	猪里脊肉 300 克，葱 25 克，香菜 50 克，鸡蛋清 15 克，湿淀粉 30 克，姜 10 克，蒜 10 克，盐 5 克，味精 1 克，料酒 7 克，醋 5 克，清汤 30 克，油 750 克，香油 2 克
菜品图例	
切配流程	猪里脊肉切成长 6 ~ 8 厘米、粗 0.2 厘米的丝——→葱、姜切丝，蒜切片，香菜切段
烹制流程	1. 肉丝加料酒 2 克、盐 2 克、鸡蛋清、湿淀粉抓匀上浆 2. 锅中加油烧热后滑锅倒出——→另加油，烧至 3 成热——→下肉丝滑熟倒出 3. 锅中留底油 40 克——→炒香葱、姜丝，蒜片——→放入肉丝、料酒 5 克、盐 3 克、味精、醋、清汤——→旺火炒匀，淋香油——→出锅装盘
成菜特点	口感滑嫩，口味咸香
温馨提示	1. 肉丝滑油时注意掌握油温，避免肉丝质地过老 2. 香菜要保持清香翠绿

[巩固提高]

> 课后认真记录菜肴制作的详细过程，做好训练笔记，并举一反三地进行类似菜肴的查询和练习。

2) 酱爆里脊　★★★

使用原料	猪里脊肉 150 克，姜 10 克，鸡蛋（半个）清，料酒 10 克，甜面酱 25 克，糖 20 克，湿淀粉 20 克，酱油 15 克，油 750 克
菜品图例	
切配流程	猪里脊肉切片——→姜切末
烹制流程	1. 肉片加鸡蛋清、湿淀粉、料酒 5 克拌匀上浆 2. 锅中加油烧热后滑锅倒出——→另加油，烧至 3 成热——→放入肉片滑熟倒出 3. 锅中留底油——→炒香姜末——→放入甜面酱炒香——→加入料酒 5 克、少量水、糖、酱油——→放入肉片快速炒 10 秒钟——→勾芡——→出锅装盘

成菜特点	酱香味浓郁，甜咸适口
温馨提示	1. 要先炒香甜面酱，再加液体调料 2. 如果使用葱伴侣，不要加水

[巩固提高]

课后认真记录菜肴制作的详细过程，做好训练笔记，并举一反三地进行类似菜肴的查询和练习。

3）芫爆散单　★★

使用原料	羊肚（散丹）300 克，香菜 50 克，葱 15 克，姜 5 克，蒜 10 克，料酒 25 克，盐 4 克，味精 3 克，白胡椒粉 5 克，香油 2 克，高汤 150 克
菜品图例	
切配流程	羊肚洗净切条 ──→ 葱切丝，姜切末，蒜切末，香菜切段
烹制流程	1. 锅中加水烧开 ──→ 将肚条焯水捞出 2. 锅中加高汤 ──→ 放料酒、盐、肚条 ──→ 烧开后改微火煨入味 ──→ 大火收汁 ──→ 加入白胡椒粉、味精、葱丝、姜末、蒜末、香菜段翻炒均匀 ──→ 淋香油 ──→ 出锅装盘
成菜特点	清香柔软，鲜咸微辣
温馨提示	1. 肚条焯水时间要短，避免严重缩水而卷曲 2. 香菜要保持清香翠绿

[巩固提高]

课后认真记录菜肴制作的详细过程，做好训练笔记，并举一反三地进行类似菜肴的查询和练习。

4）芫爆鱿鱼条　★★

使用原料	鱿鱼板 250 克，葱 25 克，香菜 50 克，姜 10 克，蒜 10 克，盐 3 克，味精 1 克，料酒 5 克，醋 10 克，清汤 30 克，油 50 克，香油 2 克

菜品图例	
切配流程	鱿鱼板切成长 6 ~ 8 厘米、厚 0.3 厘米的锯齿状夹刀条——→葱、姜切丝，蒜切片，香菜切段
烹制流程	1. 将盐、味精、料酒、醋、清汤在碗内兑成汁 2. 锅中加水烧开——→放入鱿鱼条焯水，倒出 3. 锅中加油烧热——→炒香葱、姜丝，蒜片——→加入鱿鱼条、香菜段和兑好的汁——→旺火快速翻炒均匀——→淋香油——→出锅装盘
成菜特点	口感咸鲜爽脆，略带汤汁
温馨提示	1. 切夹刀条时要在鱿鱼板的内侧剞刀并注意刀距和深度 2. 鱿鱼条炒制时动作要快，避免原料出水

[巩固提高]

课后认真记录菜肴制作的详细过程，做好训练笔记，并举一反三地进行类似菜肴的查询和练习。

5）油爆乌鱼花　★★

使用原料	乌鱼板 200 克，青、红椒各 25 克，笋 30 克，水发木耳 20 克，葱 15 克，蒜 2 瓣，醋 3 克，水淀粉 15 克，盐 5 克，味精 3 克，料酒 10 克，清汤 50 克，油 750 克，香油 2 克
菜品图例	
切配流程	乌鱼板洗净，在内侧剞麦穗花刀，改刀成宽 2.5 厘米的长菱形块——→青、红椒切成菱形片，水发木耳摘小朵，笋切片——→葱切丁，蒜切片
烹制流程	1. 料酒、盐、味精、香油、醋、清汤、水淀粉放入碗内兑汁 2. 锅中加油烧至 5 成热——→放入乌鱼花促油倒出 3. 锅中留底油 30 克——→爆香葱丁、蒜片——→放入青、红椒片，笋片，木耳略炒——→加入乌鱼花——→倒入兑好的汁，快速翻匀——→淋香油——→出锅装盘

成菜特点	形似麦穗，颜色洁白，脆嫩爽口，芡包主料，明油亮芡
温馨提示	1. 剞麦穗花刀时，直刀纹比斜刀纹要深一些，再沿直刀纹方向改刀成片 2. 乌鱼花促油时，速度要快，否则乌鱼花会变老韧

[巩固提高]

> 课后认真记录菜肴制作的详细过程，做好训练笔记，并举一反三地进行类似菜肴的查询和练习。

6) 油爆腰花　★★

使用原料	猪腰子 500 克，水发木耳 25 克，油菜心 25 克，冬笋 25 克，葱 15 克，姜 5 克，蒜 15 克，料酒 10 克，盐 2 克，酱油 15 克，味精 2 克，醋 5 克，糖 5 克，花椒油 10 克，湿淀粉 20 克，水淀粉 30 克，白胡椒粉 2 克，清汤 75 克，油 750 克
菜品图例	
切配流程	猪腰子去筋膜，片开，去腰臊，剞麦穗花刀，再改刀成长 2.5 厘米的块──→水发木耳撕小朵，冬笋切片，油菜心切段，葱切丁，姜、蒜切片
烹制流程	1. 腰花加料酒、酱油、白胡椒粉、湿淀粉抓匀上浆 2. 将醋、盐、酱油、糖、味精、清汤、水淀粉在碗内兑成汁 3. 锅中加油，烧至 4 成热──→下腰花快速促油倒出 4. 锅中留底油 50 克──→爆香葱丁、姜、蒜片──→下木耳、冬笋片、油菜心段──→再下腰花──→烹料酒──→加入兑好的汁──→快速翻匀，淋花椒油──→出锅装盘
成菜特点	口感脆嫩，口味咸香，色调明快
温馨提示	1. 猪腰子去腰臊时一定要去除干净，并在内侧剞麦穗花刀 2. 腰花促油时间要短

[巩固提高]

> 课后认真记录菜肴制作的详细过程，做好训练笔记，并举一反三地进行类似菜肴的查询和练习。

7) 油爆螺片　★★

使用原料	活海螺 1 000 克，水发木耳 15 克，笋 50 克，葱 15 克，蒜 2 瓣，盐 5 克，醋 3 克，料酒 10 克，味精 3 克，清汤 80 克，水淀粉 30 克，青、红椒共 30 克，香油 1 克，油 800 克
菜品图例	
切配流程	活海螺敲碎，去壳、去内脏，用盐醋搓洗法洗净黏液，片成大薄片──→青、红椒切成菱形片，笋切片，水发木耳摘小朵──→葱切丁，蒜切片
烹制流程	1. 料酒、盐、味精、香油、醋、清汤、水淀粉放入碗内兑汁 2. 锅中加水烧开──→放入笋片焯水倒出 3. 锅中加油，烧至 5 成热──→放入海螺片促油，立刻倒出 4. 锅中留底油 30 克──→爆香葱丁、蒜片──→放入青、红椒片，笋片，木耳略炒──→加入海螺片──→倒入兑好的汁──→快速翻匀──→淋油翻匀──→出锅装盘
成菜特点	肉质脆嫩，色泽洁白，口味咸鲜，芡包原料，明油亮芡
温馨提示	1. 海螺片促油的时候动作要快，现在酒店多采用焯水的方法 2. 整个烹调过程中要强调一个"快"字，提前碗内兑汁，缩短烹调时间，保持原料脆嫩的特点

[巩固提高]

　　课后认真记录菜肴制作的详细过程，做好训练笔记，并举一反三地进行类似菜肴的查询和练习。

8) 汤爆肚　★

使用原料	猪肚头 500 克，胡椒粉 3 克，香菜 3 克，盐 2 克，味精 2 克，小春葱 20 克，花椒 5 克，料酒 15 克，酱油 10 克，碱粉 3 克，清汤 1 000 克
菜品图例	
切配流程	猪肚头片开，剥去外皮，去掉里面的筋杂，洗净，剞蓑衣花刀（深为厚度的 2/3）呈鱼网状，改刀成 2.5 厘米见方的块──→一部分小春葱切段，另一部分小春葱切成葱花，香菜切末

烹制流程	1. 肚头块放入碱粉与开水兑成的碱水中浸泡 3 分钟——→捞出冲洗干净——→放入清水中待用 2. 汤锅内加清水，烧至 8 成开——→放入肚头块焯水——→迅速捞出，放入汤碗内 3. 肚头块加葱花、料酒拌匀——→撒入香菜末、胡椒粉 4. 锅内加清汤、酱油、盐、葱段、花椒、料酒烧沸——→捞出葱段和花椒——→撇去浮沫——→加味精——→浇入汤碗内——→快速上桌——→落桌后将肚头块推入汤内即成
成菜特点	肚头块质感脆嫩，汤清质淡
温馨提示	1. 猪肚头分厚薄两层，此菜用厚的那一层 2. 猪肚头焯水时，放入后立刻捞出，时间不能过长，否则质老

[巩固提高]

　　课后认真记录菜肴制作的详细过程，做好训练笔记，并举一反三地进行类似菜肴的查询和练习。

🧁 任务 3　炸

[任务要求]

　　1. 熟练掌握炸的烹调方法，并能制作以下实习菜品。
　　2. 运用炸的方法，拓展制作其他菜品。

[任务实施]

　　1）干炸丸子　★★★

使用原料	猪肥瘦肉（3 分肥、7 分瘦）200 克，鸡蛋 1 个，葱、姜各 3 克，盐 3 克，味精 2 克，湿淀粉 50 克，油 1 000 克，料酒 15 克，白胡椒粉 1 克，花椒盐 15 克
菜品图例	
切配流程	葱、姜切末——→猪肥瘦肉剁成茸制成肉馅
烹制流程	1. 肉馅加葱、姜、调料（花椒盐除外），鸡蛋搅匀——→打起劲性 2. 锅中加油烧至 5 成热——→把肉馅用手挤成直径 2 厘米大小的丸子，放油内炸至成熟捞出——→油温升至 6 成热——→丸子下油快速炸至枣红色——→捞出控净油——→装盘，配花椒盐上桌

续表

成菜特点	外焦里嫩，色泽枣红，丸子大小均匀
温馨提示	1. 制馅时要注意将肉馅剁细 2. 调馅时先轻后重，先慢后快，自始至终朝一个方向搅动 3. 炸丸子时，油温太低不易成型，油温太高、升温太快则容易炸得外煳、里不熟 4. 丸子复炸时，动作要快，以丸子表面起硬壳、色泽呈枣红色为宜

[巩固提高]

> 课后认真记录菜肴制作的详细过程，做好训练笔记，并举一反三地进行类似菜肴的查询和练习。

2) 干炸里脊 ★★★

使用原料	猪里脊肉 200 克，鸡蛋 1 个，料酒 5 克，盐 5 克，味精 3 克，干淀粉 150 克，花椒盐 15 克，油 1 000 克
菜品图例	
切配流程	猪里脊肉顶刀切成长 3.5 厘米、宽 2.5 厘米、厚 0.6 厘米的长方形厚片
烹制流程	1. 肉片加料酒、盐、味精腌制入味 2. 将鸡蛋、干淀粉、水调成全蛋糊 3. 锅中加油烧至 5 成热 ➝ 肉片均匀裹上全蛋糊，逐一放入油中，炸至成熟，定型后捞出 ➝ 油温升至 6 成热 ➝ 肉片放入油中复炸倒出 ➝ 装盘，配花椒盐上桌
成菜特点	外焦里嫩，色泽金黄
温馨提示	1. 挂糊炸制的菜，腌制时料酒不宜太多 2. 肉片腌制时味道宁淡勿咸，因为上桌蘸花椒盐佐食 3. 复炸时间不要太长，否则容易产生焦煳味

[巩固提高]

> 课后认真记录菜肴制作的详细过程，做好训练笔记，并举一反三地进行类似菜肴的查询和练习。

3) 炸鸡排 ★★★

使用原料	鸡胸肉 200 克，鸡蛋 1 个，干淀粉 50 克，盐 3 克，味精 3 克，面包糠 200 克，料酒 5 克，油 1 000 克，番茄沙司（或黑椒汁、柠檬汁、香橙汁、沙拉酱、千岛汁）50 克
菜品图例	
切配流程	鸡胸肉切成宽 8 厘米、厚 0.8 厘米的片 ——➤用刀尖排斩一遍
烹制流程	1. 鸡排加料酒、盐、味精腌制入味 ——➤拍干淀粉 ——➤拖鸡蛋液（鸡蛋打散）——➤裹面包糠 2. 锅中加油烧至 4 成热，离火 ——➤鸡排逐一放入油中泡炸熟 ——➤升油温，炸至金黄色捞出 3. 鸡排改刀成宽 2 厘米的条 ——➤码放盘中 ——➤配番茄沙司上桌
成菜特点	外酥里嫩，色泽金黄
温馨提示	1. 鸡蛋一定要完全打散 2. 裹完面包糠后用手轻压，炸时不易掉渣。若压得太用力，则炸完的鸡排太死板，不够酥 3. 低油温泡炸可避免外焦里生的现象

[巩固提高]

> 课后认真记录菜肴制作的详细过程，做好训练笔记，并举一反三地进行类似菜肴的查询和练习。

4) 炸板肉 ★★★

使用原料	猪里脊肉 250 克，面包糠 100 克，鸡蛋液 35 克，白胡椒粉 1 克，干淀粉 25 克，盐 2 克，味精 1 克，料酒 5 克，油 1 000 克，番茄沙司 75 克
菜品图例	

切配流程	猪里脊肉片成长 10 厘米、宽 8 厘米、厚 0.5 厘米的片，再剞上十字花刀
烹制流程	1. 将肉片加料酒、盐、味精、白胡椒粉腌制 10 分钟 2. 将腌好的肉片先沾干淀粉 → 蘸匀鸡蛋液 → 均匀裹上面包糠，用手压紧制成猪排生坯 3. 锅中加油烧 4 成热 → 猪排放入油中炸至金黄色时捞出 4. 将炸好的猪排改刀切成 2.5 厘米的宽条装盘 → 跟番茄沙司一起上桌
成菜特点	色泽金黄，外焦里嫩，表面口感酥松
温馨提示	1. 裹完面包糠后要适当挤压，可使面包糠不宜脱落，但不要过于用力，避免成品不够酥松 2. 炸制猪排时要勤翻动，避免猪排上色不均匀

[巩固提高]

> 课后认真记录菜肴制作的详细过程，做好训练笔记，并举一反三地进行类似菜肴的查询和练习。

5) 软炸鸡 ★★★

使用原料	鸡胸肉 200 克，鸡蛋（1 个）清，面粉 20 克，淀粉 40 克，盐 2 克，味精 1 克，料酒 5 克，油 1 000 克，花椒盐 10 克
菜品图例	
切配流程	鸡胸肉剞上交叉的十字花刀，再切成条
烹制流程	1. 将鸡条加盐、料酒、味精腌制入味 2. 将鸡蛋清、淀粉、面粉和适量水在碗内调成糊 → 把腌好的鸡条放入糊中抓匀 3. 锅中加油烧至 4 成热 → 把鸡条逐条地放入油锅中炸熟，捞出装盘 → 跟花椒盐一起上桌
成菜特点	外酥里嫩，口味鲜美，色泽金黄，咸鲜麻香风味
温馨提示	软炸时的油温要低，不可炸得太脆，也不需要复炸

[巩固提高]

> 课后认真记录菜肴制作的详细过程，做好训练笔记，并举一反三地进行类似菜肴的查询和练习。

6）软炸虾仁　★★

使用原料	虾仁 200 克，鸡蛋（1 个）清，盐 5 克，味精 5 克，料酒 10 克，白胡椒粉 0.5 克，淀粉 100 克，花椒盐 15 克，油 1 000 克
菜品图例	
切配流程	虾仁去虾线，清洗干净
烹制流程	1. 虾仁加料酒、盐、味精、白胡椒粉腌制入味 2. 鸡蛋清、淀粉、水适量调成蛋清糊 3. 锅中加油烧至 5 成热——→虾仁均匀裹上蛋清糊，分散下油锅炸熟——→捞出装盘——→配花椒盐上桌
成菜特点	外酥里嫩，味道鲜美
温馨提示	1. 小虾仁不需要去虾线；大虾仁去虾线时可以改成虾球 2. 软炸菜肴不需要复炸

[巩固提高]

> 　　课后认真记录菜肴制作的详细过程，做好训练笔记，并举一反三地进行类似菜肴的查询和练习。

7）酥炸平菇　★★★

使用原料	平菇 400 克，面粉 70 克，淀粉 30 克，泡打粉 5 克，胡椒粉 1 克，盐 5 克，花椒盐 15 克，油 1 000 克
菜品图例	
切配流程	平菇洗净控干，用厨房纸按压吸出里面的水分——→撕成条状
烹制流程	1. 平菇加盐、胡椒粉腌制入味 2. 面粉、淀粉、泡打粉、水、少量油调成酥糊 3. 锅中加油烧至 5 成热——→平菇均匀裹上酥糊——→下油锅炸至金黄色——→捞出装盘，跟花椒盐一起上桌
成菜特点	外酥里嫩，味道鲜美
温馨提示	平菇一定要洗净，吸干水分，裹糊前可以撒上一些干淀粉

8）炸春段　★★★

使用原料	猪里脊肉 150 克，香油 10 克，葱丝 5 克，韭菜 50 克，水发木耳 15 克，水发海米 15 克，鸡蛋 3 个，冬笋 20 克，料酒 3 克，食盐 3 克，面粉 20 克，味精 2 克，酱油 5 克，清汤 50 克，湿淀粉 15 克，油 750 克
菜品图例	
切配流程	猪里脊肉切成粗 0.2 厘米的肉丝——→水发木耳、冬笋分别切成细丝
烹制流程	1. 锅内加油 25 克，烧热，将肉丝、葱丝、冬笋丝倒入锅内略炒——→加酱油、料酒、食盐、味精、水发海米、木耳丝、清汤烧开——→用湿淀粉勾成浓熘芡，滴上香油——→盛出作馅用 2. 鸡蛋在锅内打散，摊成 3 张大鸡蛋皮——→面粉用水调成稀糊 3. 鸡蛋皮逐片放在案板上摆平——→把炒好的馅摊在鸡蛋皮的一边——→摆上韭菜卷成约 2.5 厘米粗的桶形——→抹上面糊封口 4. 锅内放油烧至 4 成热——→将卷好的鸡蛋卷放入锅内，炸至酥熟、外皮呈金黄色时捞出——→斜切改刀后整齐地码放在盘内
成菜特点	成品色泽金黄，外焦里嫩，具有浓郁的韭菜鲜味
温馨提示	1. 春初自然生长的头茬紫根韭菜品质最佳 2. 炸鸡蛋卷的油温应控制在 4 成热，油温低了容易开口，油温高了鸡蛋皮容易变深褐色

9）雪丽鱼条　★★★

使用原料	鲜偏口鱼肉 200 克，鸡蛋清 75 克，干淀粉 25 克，葱 10 克，姜 5 克，盐 2 克，料酒 10 克，味精 1 克，熟猪油 1 000 克，花椒盐 10 克

菜品图例	
切配流程	将鲜偏口鱼肉片成 0.8 厘米厚的大片，再切成 1 厘米宽、4 厘米长的条——→葱切段，姜切片
烹制流程	1. 鱼条加盐、味精、料酒、葱段、姜片轻轻抓匀腌制——→挑出葱段、姜片 2. 鸡蛋清打入盘内，用筷子搅打至能立住筷子——→加干淀粉搅匀成雪丽糊 3. 锅中加熟猪油烧至 3 成热——→将鱼条挂匀雪丽糊——→逐条下油锅炸熟——→捞出控净油装盘，跟花椒盐一起上桌
成菜特点	丰润饱满，粗细均匀，色泽微黄，咸鲜软嫩
温馨提示	1. 切鱼条时要顺着鱼的纹路切才不易碎 2. 搅打雪丽糊时要始终朝一个方向搅打 3. 炸制时油温一直保持在 3 成热

[巩固提高]

　　课后认真记录菜肴制作的详细过程，做好训练笔记，并举一反三地进行类似菜肴的查询和练习。

10) 肉松蟹味菇　★★

使用原料	蟹味菇 300 克，肉松 50 克，干淀粉 30 克，盐 3 克，味精 1 克，油 1 000 克
菜品图例	
烹制流程	1. 蟹味菇焯水，过凉——→加盐、味精腌制入味 2. 锅中加油烧至 6 成热——→将蟹味菇均匀裹上干淀粉——→逐个下油锅炸至金黄色时捞出——→控净油装盆中——→加入肉松翻拌匀装盘
成菜特点	色泽金黄，香酥可口
温馨提示	蟹味菇焯水时，水微开即可捞出

[巩固提高]

　　课后认真记录菜肴制作的详细过程，做好训练笔记，并举一反三地进行类似菜肴的查询和练习。

11) 清炸里脊 　★

使用原料	猪里脊肉 300 克，料酒 8 克，盐 1 克，酱油 15 克，葱 30 克，姜 20 克，白胡椒粉 1 克，花椒盐 15 克，油 100 克
菜品图例	
切配流程	猪里脊肉去筋膜切滚料块——→葱、姜切大片
烹制流程	1. 肉块加料酒、酱油、盐、白胡椒粉腌制入味 2. 锅中加油烧至 6 成热——→猪肉块拣去葱、姜片——→下油锅炸熟捞出——→待油温升至 8 成热，再下肉块炸至金黄色——→倒出装盘，跟花椒盐一起上桌
成菜特点	色泽金红，外焦里嫩，越嚼越香
温馨提示	猪里脊肉需多次促油炸熟，才能保持外焦里嫩

[巩固提高]

　　课后认真记录菜肴制作的详细过程，做好训练笔记，并举一反三地进行类似菜肴的查询和练习。

拓展菜品

炸腐皮卷

炸虾排

脆皮炸鲜奶

🧁 任务 4　熘

[任务要求]

　　1. 熟练掌握熘的烹调方法，并能制作以下实习菜品。

　　2. 运用熘的方法，拓展制作其他菜品。

[任务实施]

　　1) 醋熘白菜　★★★

使用原料	白菜 500 克，葱 10 克，姜 5 克，蒜 10 克，盐 5 克，糖 20 克，醋 40 克，酱油 10 克，味精 2 克，油 50 克
菜品图例	
切配流程	将白菜的叶、帮分离，白菜帮斜刀片大薄片，白菜叶撕碎──→葱切丁，姜切小菱形片，蒜切片
烹制流程	锅中加油──→炒香葱丁、姜片、蒜片──→先放白菜帮炒软──→再放白菜叶翻炒──→加酱油、盐、糖、醋、味精炒入味──→勾芡──→出锅装盘
成菜特点	质地脆爽，酸甜可口
温馨提示	1. 白菜帮先用刀面拍一下再斜片，刀口面积尽量大一些，便于入味 2. 醋味容易挥发，可分两次加入

[巩固提高]

　　　　课后认真记录菜肴制作的详细过程，做好训练笔记，并举一反三地进行类似菜肴的查询和练习。

　　2) 滑熘里脊片　★★★

使用原料	猪里脊肉 150 克，水发冬笋 15 克，水发木耳 10 克，油菜心 15 克，葱 15 克，姜 1 克，料酒 15 克，盐 5 克，味精 3 克，清汤 250 克，鸡蛋清 30 克，湿淀粉 20 克，油 500 克
菜品图例	

切配流程	猪里脊肉切成长4厘米、宽2厘米、厚0.2厘米的薄片——→水发冬笋切成长3.3厘米、宽1.6厘米、厚0.16厘米的片，水发木耳撕成小朵，油菜心洗净，葱、姜切末
烹制流程	1. 锅中加水烧开——→放入冬笋片、木耳、油菜心焯水倒出 2. 肉片加料酒5克、盐2克、鸡蛋清、湿淀粉抓匀上浆 3. 锅中加油烧至3成热——→下肉片滑熟倒出 4. 锅中留底油——→放葱末、姜末炒出香味——→加冬笋片、木耳、油菜心、肉片——→烹入料酒10克——→加清汤、盐3克烧开——→放味精——→勾芡、淋油——→盛入汤盘
成菜特点	肉片滑润软嫩，配料清鲜
温馨提示	1. 猪里脊肉切片要薄，太厚会影响菜肴质感 2. 肉片滑油时注意油温不要太高，避免肉质变老

[巩固提高]

> 课后认真记录菜肴制作的详细过程，做好训练笔记，并举一反三地进行类似菜肴的查询和练习。

3) 熘肝尖 ★★★

使用原料	猪肝200克，油菜帮25克，水发木耳20克，笋50克，葱10克，姜5克，蒜2瓣，料酒20克，盐3克，酱油20克，味精5克，糖15克，白胡椒粉1克，干淀粉20克，水淀粉25克，花椒油10克，油800克，汤100克
菜品图例	
切配流程	猪肝切成厚0.3厘米的片，洗净控水——→葱切丁，姜、蒜切片，笋切片，水发木耳摘小朵，油菜帮切段
烹制流程	1. 肝片加料酒10克、盐、酱油5克、白胡椒粉、干淀粉上浆 2. 锅烧热，加油滑锅倒出——→另加油烧至4成热——→放入肝片滑油倒出 3. 锅中留底油50克——→炒香葱丁、姜片、蒜片——→放入肝片、笋片——→烹料酒10克、加酱油15克、汤、糖、木耳烧片刻——→放油菜帮段、味精——→水淀粉勾芡，淋花椒油——→翻匀，出锅装盘
成菜特点	口感滑嫩，咸鲜适口
温馨提示	1. 猪肝切完洗一下，这样口感更滑嫩，而且内脏味不重 2. 猪肝水分较大，上浆时直接加干淀粉，滑油后不能有血丝

4) 滑溜鱼片 ★★★

使用原料	净鱼肉 200 克，湿淀粉 20 克，水发木耳 20 克，油菜心 20 克，笋 50 克，葱 10 克，姜 5 克，清汤 250 克，水淀粉 20 克，鸡蛋（半个）清，料酒 15 克，油 500 克，味精 3 克，盐 5 克，葱油 10 克
菜品图例	
切配流程	净鱼肉片成长 5 厘米、宽 3.5 厘米、厚 0.4 厘米的片──➤笋切片，水发木耳摘小朵，葱切段，姜切片
烹制流程	1. 鱼片加料酒 5 克，盐 2 克，鸡蛋清，湿淀粉上浆 2. 锅烧热，加油滑锅倒出──➤另加油烧至 3 成热──➤放入鱼片滑油倒出 3. 锅中留底油 30 克──➤炒香葱段、姜片──➤烹入料酒 10 克，加清汤略煮──➤捞出葱段、姜片──➤放笋片、木耳、鱼片、盐 3 克、油菜心、味精──➤水淀粉勾芡，淋葱油──➤出锅装盘
成菜特点	汤清色白，口味咸鲜，鱼肉滑嫩
温馨提示	1. 上浆时要炒拌，保持鱼片完整不碎 2. 滑油时掌握好油温，注意保持鱼片的洁白

5) 茄汁虾仁 ★★★

使用原料	虾仁 200 克，青豆 20 粒，鸡蛋（半个）清，番茄酱 30 克，料酒 5 克，盐 3 克，油 1 000 克，糖 30 克，白醋 15 克，水淀粉 30 克，湿淀粉 50 克
菜品图例	

续表

切配流程	虾仁挑去虾线，洗净
烹制流程	1. 虾仁加料酒、盐腌制入味——→加鸡蛋清、湿淀粉上浆 2. 锅烧热，加油滑锅倒出——→另加油烧至 3 成热——→放入虾仁滑油倒出 3. 锅中留底油 30 克——→加番茄酱炒香——→加水、白醋、糖——→水淀粉勾芡——→加热油 20 克，大火爆汁——→放青豆、虾仁，翻匀——→出锅装盘
成菜特点	芡汁红亮，甜酸适口
温馨提示	1. 虾仁是上浆，不是挂糊（但现在酒店一般采取挂糊的方法） 2. 虾仁滑油可以时间长一些，使表面略干 3. 炒制番茄酱时加水少一些，因为虾仁是滑油，吸汁能力不大

[巩固提高]

    课后认真记录菜肴制作的详细过程，做好训练笔记，并举一反三地进行类似菜肴的查询和练习。

6) 炸熘鱼条　★★★

使用原料	净鱼肉 200 克，冬笋、油菜帮、水发木耳各 15 克，葱、蒜各 10 克，盐 3 克，味精 2 克，料酒 10 克，酱油 8 克，醋 10 克，香油 2 克，鸡蛋液 25 克，湿淀粉 70 克，水淀粉 30 克，清汤 150 克，油 750 克
菜品图例	
切配流程	净鱼肉切成粗 1 厘米、长 4 厘米的条——→冬笋切象眼片，水发木耳撕成小朵，油菜帮斜切寸段，葱切丁，蒜切片
烹制流程	1. 鱼条加料酒 5 克、酱油 3 克、鸡蛋液、湿淀粉抓匀挂糊 2. 锅中加油烧至 5 成热——→将挂好糊的鱼条下油锅炸熟捞出——→待油温升至 6 成热——→复炸至金黄色时倒出 3. 锅中留底油 25 克——→爆香葱丁、蒜片——→加入冬笋片、木耳、油菜帮段略炒——→烹入料酒 5 克、醋——→加清汤、盐、酱油 5 克、味精——→烧开——→用水淀粉勾厚芡——→加热油 30 克，旺火爆汁——→倒入鱼条，淋香油快速翻匀——→出锅装盘
成菜特点	色泽金黄，外焦里嫩，鲜香适口
温馨提示	1. 鱼条第一次炸制时可炸至 8 成熟，再复炸达到全熟 2. 菜肴制作完成应尽快上桌，避免回软，保持外焦里嫩

課後認真記錄菜肴製作的詳細過程，做好訓練筆記，並舉一反三地進行類似菜肴的查詢和練習。

7) 糟熘魚片 ★★

使用原料	淨魚肉 250 克，濕澱粉 20 克，水發木耳 20 克，油菜心 20 克，蔥 15 克，姜 15 克，雞蛋（1 個）清，料酒 10 克，鹽 4 克，味精 2 克，香糟汁 25 克，糖 15 克，油 750 克，水澱粉 20 克，濕澱粉 50 克，清湯 200 克，熟雞油 10 克
菜品圖例	
切配流程	淨魚肉片成長 5 厘米、寬 3.5 厘米、厚 0.3 厘米的片 ——→ 水發木耳撕小朵，油菜心切段，蔥切段，姜切片
烹製流程	1. 蔥段、姜片焯水放涼 2. 魚片加料酒 5 克、鹽 2 克、雞蛋清、濕澱粉上漿 3. 鍋燒熱，加油滑鍋倒出 ——→ 另加油燒至 3 成熱 ——→ 放入魚片滑油倒出 4. 鍋中加清湯、料酒 5 克、鹽 2 克、糖、木耳、油菜心段 ——→ 將魚片輕輕地放入鍋裏 ——→ 用小火燒開後撇去浮沫 ——→ 加香糟汁、味精 ——→ 輕輕晃鍋，用水澱粉勾熘芡 ——→ 將魚片翻個身，淋熟雞油 ——→ 出鍋裝盤
成菜特點	芡汁呈淺金黃色，魚肉滑嫩，口味鹹鮮，糟香味濃郁
溫馨提示	1. 魚肉需浸漂吸水，增加嫩度、潔白度，漂去腥味 2. 魚肉在滑油或熘製時時間均不宜過長，不宜旺火猛煮 3. 香糟汁不能先放，要在勾芡前放 4. 魚肉易碎，要輕輕翻動

[巩固提高]

課後認真記錄菜肴製作的詳細過程，做好訓練筆記，並舉一反三地進行類似菜肴的查詢和練習。

8) 糖醋里脊 ★★★

使用原料	豬里脊肉 200 克，蔥 5 克，姜 5 克，蒜 2 瓣，青豆 20 粒，料酒 5 克，醬油 15 克，鹽 3 克，味精 3 克，醋 100 克，糖 75 克，雞蛋 1 個，幹澱粉 75 克，水澱粉 30 克，油 1 000 克

续表

菜品图例	
切配流程	猪里脊肉切成长 3.5 厘米、宽 2.5 厘米、厚 0.8 厘米的块——→葱、姜、蒜切末
烹制流程	1. 肉块加料酒、盐、味精腌制入味 2. 鸡蛋、干淀粉、适量水一起调成全蛋糊 3. 锅中加油烧至 5 成热——→肉块均匀裹上全蛋糊，下油锅炸至金黄色时捞出——→油温升至 6 成热，复炸一遍倒出 4. 锅中留底油 50 克——→爆香葱、姜、蒜末——→烹入醋，加糖、水（75 克）、酱油——→用水淀粉勾厚芡——→加热油 30 克，大火爆汁——→放入青豆、肉块翻匀——→出锅装盘
成菜特点	酸甜可口，醋香浓郁
温馨提示	1. 里脊一定要复炸，否则吸汁后容易回软 2. 调制糖醋汁时必须一直用旺火，火力若跟不上，则糖醋汁不香

[巩固提高]

> 课后认真记录菜肴制作的详细过程，做好训练笔记，并举一反三地进行类似菜肴的查询和练习。

9）糖醋鱼　★★

使用原料	鲤鱼 1 条（约 1 200 克），青豆 20 粒，葱 5 克，姜 5 克，蒜 2 瓣，料酒 10 克，酱油 20 克，盐 5 克，糖 100 克，醋 150 克，鸡蛋 1 个，干淀粉 150 克，面粉 50 克，水淀粉 50 克，油 2 000 克
菜品图例	
切配流程	鲤鱼去鳞、鳃、内脏，洗净——→两面剞牡丹花刀——→葱、姜、蒜切末
烹制流程	1. 鲤鱼加料酒、盐腌制入味 2. 干淀粉、面粉混合，加鸡蛋、适量水调成糊 3. 锅中加油烧至 5 成热——→鲤鱼裹满糊，入油炸熟，定型至金黄色时捞出——→摆进盘中 4. 锅中留底油 50 克——→旺火爆香葱、姜、蒜末——→烹入醋，加糖化开——→加水（100 克）、酱油——→水淀粉勾厚芡——→加热油 50 克，大火爆汁——→放青豆——→浇在鲤鱼上

成菜特点	色泽红亮，鱼肉外酥里嫩，酸甜可口，醋香浓郁
温馨提示	1. 如果鲤鱼不摆造型，炸好后用手把鱼肉拿酥松，但要保持鱼形完整不变 2. 调制糖醋汁时，必须一直用旺火，若火力跟不上，做出的糖醋汁不香

[巩固提高]

课后认真记录菜肴制作的详细过程，做好训练笔记，并举一反三地进行类似菜肴的查询和练习。

10) 菊花鱼　★★★

使用原料	草鱼 1 条（约重 1 000 克），洋葱 10 克，番茄酱 75 克，料酒 5 克，糖 100 克，白醋 50 克，盐 2 克，干淀粉 200 克，水淀粉 20 克，油 1 500 克
菜品图例	
切配流程	草鱼去鳞、鳃、内脏，洗净，将鱼头从前划水鳍根部剁下，从下颚中间竖着剖开（背面相连），用刀拍一下使鱼头呈趴伏状，剁下鱼尾（约带 3 厘米长的鱼肉），片下鱼中段两面的鱼肉，提取胸刺、修齐边，将鱼皮朝下，鱼肉剞菊花花刀，共切 12 块──→洋葱切末
烹制流程	1. 鱼肉、鱼头、鱼尾加盐、料酒腌制入味──→分别拍上干淀粉 2. 锅中加油烧至 6 成热──→将鱼肉、鱼头、鱼尾分别下油锅炸至金黄色、定型后捞出──→鱼肉摆盘中，鱼头鱼尾摆两端，摆成整鱼形状 3. 锅中加油 40 克──→放洋葱末炒香──→加番茄酱炒香──→加清水（100 克）、糖、白醋烧开──→用水淀粉勾芡──→加热油 30 克、旺火爆汁──→浇在鱼上
成菜特点	色泽橘红明亮，口味甜酸鲜香，质地酥脆
温馨提示	1. 鱼肉花刀要剞得间距均匀 2. 拍粉后要及时炸制，防止鱼肉缝隙粘连

[巩固提高]

课后认真记录菜肴制作的详细过程，做好训练笔记，并举一反三地进行类似菜肴的查询和练习。

11）脯酥全鱼　★

使用原料	黄花鱼1条（约750克），熟火腿10克，水发冬菇25克，冬笋25克，青豆10粒，鸡蛋清100克，盐3克，味精2克，料酒15克，清汤150克，葱、姜、蒜各10克，干淀粉10克，水淀粉25克，油750克
菜品图例	
切配流程	黄花鱼去鳞、鳃、内脏洗净，从鳃盖处切下鱼头，割下鱼尾并破成合页形，剔下净鱼肉，再片成长4厘米、宽2厘米、厚0.4厘米的片——→水发冬菇、冬笋、熟火腿切成小象眼片，葱切丁，姜、蒜切片
烹制流程	1. 鱼片、鱼头、鱼尾加盐1克、味精1克、料酒5克腌制入味 2. 将鸡蛋清抽打成泡沫状（能立住筷子）——→加干淀粉搅匀成雪丽糊 3. 锅中加油烧至3成热——→鱼片、鱼头、尾沾干淀粉——→均匀裹上雪丽糊——→下油锅慢火炸熟，捞出——→在盘中摆成整鱼形状 4. 锅中加油40克——→爆香葱丁、姜片、蒜片——→烹入料酒10克——→加清汤略煮——→捞出葱丁、姜片、蒜片——→加盐2克、冬菇片、冬笋片、火腿片、青豆烧开——→撇去浮沫——→加味精1克——→用水淀粉勾熘芡——→浇在鱼上即可
成菜特点	色泽洁白，松嫩鲜香
温馨提示	1. 打制雪丽糊时要顺着一个方向抽打，加干淀粉时也要顺向拌匀 2. 炸制鱼片时要控制好油温，最好用熟猪油炸制，因为熟猪油不易上色，可以保持鱼片的洁白

[巩固提高]

> 　　课后认真记录菜肴制作的详细过程，做好训练笔记，并举一反三地进行类似菜肴的查询和练习。

12）浮油鸡片　★

使用原料	鸡胸肉100克，猪肥膘肉15克，鸡蛋（3个）清，熟金华火腿5克，豌豆苗25克，水发冬菇10克，料酒5克，盐3克，味精2克，葱15克，姜15克，鸡清汤120克，水淀粉20克，熟猪油1 000克
菜品图例	
切配流程	鸡胸肉、猪肥膘肉剁成细泥制成鸡茸——→葱、姜切片泡水制成葱姜汁，水发冬菇切片，熟金华火腿切末

烹制流程	1. 鸡茸加葱姜汁、料酒 2 克、盐 1 克、鸡清汤 20 克搅打上劲 2. 将鸡蛋清打成蛋泡糊──→分次倒入鸡茸中搅匀 3. 锅中加熟猪油烧至 3 成热──→用汤勺舀起鸡茸逐一撇入油中成柳叶状──→慢火加热，待鸡片浮起捞出──→放热水中浸泡倒出 4. 锅中留底油 15 克──→放入豌豆苗、冬菇片略炒──→烹入料酒 3 克──→加鸡清汤 100 克、盐 2 克、味精──→放入鸡片烧开，撇去浮沫──→用水淀粉勾芡──→淋油翻匀──→出锅装盘
成菜特点	色白味鲜，质嫩爽滑
温馨提示	1. 制作鸡片时要用熟猪油，油温要低，避免上色 2. 鸡片过完油后要用热水浸泡，去掉多余的油分

[巩固提高]

> 课后认真记录菜肴制作的详细过程，做好训练笔记，并举一反三地进行类似菜肴的查询和练习。

拓展菜品

菠萝咕咾肉

🧁 任务 5　烹

[任务要求]

1. 熟练掌握烹的烹调方法，并能制作以下实习菜品。

2. 运用烹的方法，拓展制作其他菜品。

[任务实施]

1）炸烹茄条　★★★

使用原料	茄子 300 克，青、红尖椒各 20 克，葱 10 克，姜 5 克，蒜 10 克，香菜 10 克，盐 3 克，酱油 5 克，糖 20 克，醋 15 克，味精 2 克，湿淀粉 75 克，油 1 000 克
菜品图例	

续表

切配流程	茄子切成6厘米长、1厘米见方的条——→葱、姜切丝，蒜切片，青、红尖椒切条，香菜切寸段
烹制流程	1. 茄条加湿淀粉挂糊抓匀 2. 碗内放酱油、盐、味精、糖、醋兑成汁 3. 锅中加油烧至5成热——→把茄条逐个下油锅，炸至金黄色——→倒出 4. 锅中留底油——→炒香葱丝、姜丝、蒜片——→放青、红尖椒条——→再放茄条、香菜段——→倒入兑好的汁——→快速颠翻——→出锅装盘
成菜特点	外焦内软，咸香微甜酸
温馨提示	1. 茄条用生粉挂糊炸后更挺实 2. 倒入兑好的汁烹炒时速度要快些，口感才好

[巩固提高]

> 课后认真记录菜肴制作的详细过程，做好训练笔记，并举一反三地进行类似菜肴的查询和练习。

2) 炸烹里脊 ★★★

使用原料	里脊肉250克，油1 000克，湿淀粉100克，香菜20克，姜5克，葱10克，蒜2瓣，盐3克，味精3克，料酒15克，糖15克，醋10克，酱油5克，香油1克
菜品图例	
切配流程	里脊肉切成长5厘米、粗1.5厘米的条——→葱、姜切丝，蒜切片，香菜切寸段
烹制流程	1. 里脊肉条加盐、味精、料酒5克腌制入味 2. 料酒10克、糖、醋、酱油、香油放入碗内兑汁 3. 锅中加油烧至5成热——→里脊肉条均匀裹上湿淀粉，逐一放入油锅中炸熟捞出——→油温升至6成热——→复炸一次，倒出 4. 锅中留底油30克——→爆香葱丝、姜丝、蒜片——→放入里脊肉条、香菜段——→倒入兑好的汁，快速翻匀收汁——→出锅装盘
成菜特点	色泽光亮，口味咸鲜，略带甜酸
温馨提示	1. 里脊肉条要炸得略干，才容易吸收汤汁 2. 碗内兑汁时要将糖搅化

课后认真记录菜肴制作的详细过程，做好训练笔记，并举一反三地进行类似菜肴的查询和练习。

3）醋烹银鱼　★★★

使用原料	银鱼 200 克，蒜 10 克，葱 10 克，姜 5 克，红尖椒 15 克，干淀粉 20 克，料酒 20 克，醋 20 克，盐 3 克，糖 10 克，香油 2 克，白胡椒粉 2 克，香菜 15 克，油 1 000 克
菜品图例	
切配流程	银鱼洗净──→葱、姜、蒜切末，红尖椒切丝，香菜切段
烹制流程	1. 银鱼加料酒 5 克、盐、白胡椒粉腌制入味 2. 料酒 15 克、糖、醋、香油放入碗内兑汁 3. 锅中加油烧至 5 成热──→银鱼均匀裹上干淀粉──→分散下锅炸熟捞出──→油温升至 6 成热──→复炸至金黄色，倒出 4. 锅中留底油──→炒香葱、姜、蒜末──→放入炸好的银鱼、红尖椒丝、香菜段──→倒入兑好的汁──→快速翻匀──→出锅装盘
成菜特点	银鱼香酥，色泽金黄，醋香浓郁
温馨提示	1. 炸银鱼时要分散下锅，否则银鱼容易粘连在一起 2. 倒入碗汁烹炒时速度要快些，口感才好

[巩固提高]

课后认真记录菜肴制作的详细过程，做好训练笔记，并举一反三地进行类似菜肴的查询和练习。

4）炸烹虾段　★★

使用原料	鲜虾 10 只（约 400 克），蒜 2 瓣，姜 5 克，葱 10 克，香菜 20 克，醋 10 克，酱油 5 克，糖 15 克，清汤 75 克，油 1 000 克，香油 2 克，味精 3 克，盐 3 克，料酒 5 克，湿淀粉 75 克
菜品图例	

续表

切配流程	鲜虾剪去虾枪、虾须、虾腿，剔去沙肠、沙袋，剁成两段 → 蒜切片，葱、姜切丝，香菜切寸段
烹制流程	1. 料酒、醋、酱油、盐、味精、糖、香油、清汤放入碗内兑汁 2. 锅中加油烧至5成热 → 虾段加湿淀粉裹匀 → 入油炸熟，起硬壳时倒出 3. 锅中留底油30克 → 炒香葱丝、姜丝、蒜片 → 放入虾段、香菜段 → 倒入兑好的汁 → 旺火翻炒均匀，收干汤汁 → 出锅装盘
成菜特点	外香内嫩，口味咸鲜为主，略带甜酸
温馨提示	炸虾段时火力要猛，时间要短，否则虾肉容易炸干

[巩固提高]

> 课后认真记录菜肴制作的详细过程，做好训练笔记，并举一反三地进行类似菜肴的查询和练习。

5) 椒盐虾 ★★

使用原料	鲜虾10只（约500克），蒜1瓣，洋葱10克，青、红尖椒各10克，干淀粉20克，花椒盐5克，糖5克，香油2克，广东米酒15克，辣椒粉2克，油1 000克
菜品图例	
切配流程	鲜虾剪去虾枪、虾须、虾腿，剔去沙肠、沙袋 → 蒜，青、红尖椒，洋葱切粗末
烹制流程	1. 蒜末，青、红尖椒末，洋葱末，广东米酒，花椒盐，糖，辣椒粉，香油放入碗内兑汁 2. 锅中加油烧至5成热 → 虾抖一层干淀粉 → 炸至金黄色时倒出 3. 锅中不留底油 → 倒入兑好的汁 → 炒出香味 → 放入炸好的虾 → 快速翻炒均匀 → 出锅装盘
成菜特点	椒盐虾香酥，带有花椒盐、洋葱和尖椒的香气
温馨提示	1. 炸虾时火力要猛，时间要短，否则虾肉容易炸干 2. 炒碗汁时锅中要控净油，炒制时间不宜太长，否则料头容易发黑

[巩固提高]

> 课后认真记录菜肴制作的详细过程，做好训练笔记，并举一反三地进行类似菜肴的查询和练习。

6）椒盐排骨　★★

使用原料	猪肋排 500 克，洋葱 10 克，青、红尖椒各 5 克，葱 15 克，姜 10 克，蒜 1 瓣，鸡蛋黄 1 个，生抽 10 克，大蒜粉 5 克，花椒盐 5 克，糖 5 克，辣椒粉 1 克，香油 2 克，广东米酒 20 克，生粉 10 克，面粉 10 克，油 1 000 克
菜品图例	
切配流程	猪肋排剁成长 6 厘米的段（排骨），泡水 30 分钟捞出 ➞ 蒜，青、红尖椒，洋葱切粗末，葱切段，姜切片
烹制流程	1. 排骨加广东米酒 5 克、葱段、姜片、大蒜粉、生抽、鸡蛋黄、生粉、面粉拌匀 ➞ 腌制 30 分钟 ➞ 挑出葱段、姜片 2. 蒜末，青、红尖椒末，洋葱末，广东米酒 15 克，花椒盐，糖，辣椒粉，香油放入碗内兑汁 3. 锅中加油烧至 5 成热 ➞ 排骨入油炸至金黄色时倒出 4. 锅中不留底油 ➞ 倒入兑好的汁 ➞ 炒出香味 ➞ 放入炸好的排骨 ➞ 快速翻炒均匀 ➞ 出锅装盘
成菜特点	排骨香酥，色泽金黄，带有花椒盐、洋葱、蒜和红尖椒的香气
温馨提示	1. 炸排骨时始终保持在 5 成油温，避免颜色过深 2. 炒汁时锅中要控净油，炒制时间不宜太长，否则料头容易发黑

[巩固提高]

> 课后认真记录菜肴制作的详细过程，做好训练笔记，并举一反三地进行类似菜肴的查询和练习。

[训练过程评价参考标准]

评分内容	标准分	扣分幅度	扣分原因			
味　感	35	1～20	味型不准 1～10	主味不浓 1～5	味重或淡 1～5	有异味 1～5
质　感	25	1～15	主料过火或欠火 1～10	辅料过火或欠火 1～5	不软、酥、脆 1～5	不入味 1～5
观　感	25	1～15	刀工不精 1～10	用汁不准 1～5	色泽不正 1～5	成型不美 1～5
卫生时间	15	1～10	生熟不分 1～5	成品有异物 1～3	餐具不卫生 1～3	操作时间超时 1～5
备　注	1. 凡因各种原因造成菜品不能食用或烹调方法错误的，整个菜品评定为 0 分 2. 各项扣分总数不超过该项目扣分幅度					

项目 2 焖、烩、烧、扒、炖

[项目导入]

本项目训练的烹调方法，需用中小火长时间加热，使菜品达到酥烂入味的要求。同时，应重点掌握火候的运用和出品的特点，体现各地区不同的风味特色。

[项目要求]

1. 了解焖、烩、烧、扒、炖等烹调方法形成的风味特点。

2. 掌握用焖、烩、烧、扒、炖等烹调方法制作菜肴的步骤和要点。

任务准备

1. 工作服穿戴整齐。
2. 实训用具准备齐全。

任务 1 焖

[任务要求]

1. 熟练掌握焖的烹调方法，并能制作以下实习菜品。

2. 运用焖的方法，拓展制作其他菜品。

[任务实施]

1) 油焖香菇 ★★★

使用原料	干香菇 100 克，葱 15 克，姜 5 克，清汤 400 克，盐 3 克，糖 20 克，酱油 5 克，蚝油 5 克，香油 2 克，水淀粉 10 克，油 30 克
菜品图例	

切配流程	干香菇用热水泡软，去杂质、去蒂，洗净 ——→ 葱、姜切粗末
烹制流程	1. 泡好的香菇加入葱末、姜末、清汤，上笼蒸制 1 小时 2. 锅中加油烧至 3 成热 ——→ 放入蒸好的香菇略炒 ——→ 加盐、蚝油、酱油、糖、清汤 ——→ 加盖，用小火焖入味 ——→ 水淀粉勾稀芡，淋香油 ——→ 出锅装盘
成菜特点	咸鲜回甘，香菇软糯
温馨提示	烧香菇加的汤是蒸香菇的原汤

[巩固提高]

> 课后认真记录菜肴制作的详细过程，做好训练笔记，并举一反三地进行类似菜肴的查询和练习。

2）酱焖茄子 ★★★

使用原料	茄子 400 克，肉末 50 克，葱 20 克，蒜 20 克，姜 5 克，香菜 5 克，甜面酱 50 克，料酒 10 克，味精 3 克，酱油 10 克，糖 10 克，香油 1 克，干淀粉 20 克，油 1 000 克
菜品图例	
切配流程	茄子洗净改成滚料块 ——→ 葱、姜、蒜切末，香菜切段
烹制流程	1. 锅中加油烧至 5 成热 ——→ 茄子块粘干淀粉 ——→ 入油炸至断生，倒出 2. 锅中留底油 30 克 ——→ 炒香葱、姜、蒜末 ——→ 放肉末、甜面酱炒香 ——→ 加料酒、少量水、酱油、糖、茄子块 ——→ 加盖，焖入味 ——→ 加味精、香油 ——→ 翻匀出锅装盘，点缀香菜段
成菜特点	酱香浓郁，咸鲜微甜
温馨提示	1. 此菜宜选用长茄子，不要去皮，洗净即可 2. 炸制茄子块时，火力要猛，时间要短，否则茄子皮嚼不烂 3. 炒甜面酱和肉末时一定要炒香，然后再加茄子块

[巩固提高]

> 课后认真记录菜肴制作的详细过程，做好训练笔记，并举一反三地进行类似菜肴的查询和练习。

3）黄焖栗子鸡　★★

使用原料	净鸡 250 克，生栗子 200 克，葱 20 克，姜 10 克，花椒 10 粒，八角 2 个，盐 5 克，味精 3 克，料酒 25 克，老抽 10 克，油 500 克，汤 750 克
菜品图例	
切配流程	净鸡剁成 3.5 厘米大小的块——→葱切段，姜拍碎
烹制流程	1. 生栗子剥去外壳——→用水煮熟——→放入 5 成油温的油中促油——→捞出冲凉，去皮 2. 锅中加油 50 克——→炒香葱段、姜块——→放入鸡块炒变色——→加料酒、汤、栗子、老抽、盐、花椒、八角，烧入味——→挑出姜块，加味精——→收浓汤汁——→出锅装盘
成菜特点	鸡肉熟烂，口味咸鲜，栗子味香浓
温馨提示	此菜不需勾芡，汤汁自然浓稠

[巩固提高]

> 　　课后认真记录菜肴制作的详细过程，做好训练笔记，并举一反三地进行类似菜肴的查询和练习。

4）红焖羊肉　★

使用原料	羊后腿肉 1 000 克，胡萝卜、白萝卜各 200 克，干辣椒 10 个，白胡椒粉 1 克，八角 10 个，桂皮 5 克，枸杞 15 克，味精 10 克，盐 10 克，蒜 10 瓣，红枣 5 个，姜 50 克，葱 50 克，草果 3 颗，香叶 2 片，生抽 50 克，料酒 50 克，油 150 克，郫县豆瓣酱 50 克
菜品图例	
切配流程	将羊后腿肉洗干净，切成 3.5 厘米大小的块——→胡萝卜和白萝卜去皮改成滚料块，葱、姜、蒜、草果拍裂，干辣椒切段
烹制流程	1. 锅中加清水烧开，放入肉块焯透水——→洗净，控干水分 2. 锅中加油——→加拍裂的葱、蒜、姜炒香——→放入肉块炒至表面收紧——→加郫县豆瓣酱炒出红油——→加入料酒、生抽、八角、桂皮、拍裂的草果、香叶和清水（没过肉块）——→放盐、味精、白胡椒粉、胡萝卜块、白萝卜块、红枣、枸杞——→中火烧开，撇去浮沫——→小火焖烧 50 分钟

成菜特点	羊肉熟烂，口味咸鲜香辣
温馨提示	1. 萝卜是最出色的去膻"能手"，所以就算不吃，也不能不放 2. 郫县豆瓣酱加些泡椒剁碎味道更好，也可选用油浸的鲜辣椒酱

[巩固提高]

> 课后认真记录菜肴制作的详细过程，做好训练笔记，并举一反三地进行类似菜肴的查询和练习。

🧁任务 2　烩

[任务要求]

1. 熟练掌握烩的烹调方法，并能制作以下实习菜品。

2. 运用烩的方法，拓展制作其他菜品。

[任务实施]

1）鸡茸粟米羹　★★★

使用原料	罐头粟米糊 200 克，鸡蛋（1 个）液，鸡肉 100 克，盐 2 克，上汤 1 000 克，湿淀粉 50 克
菜品图例	
切配流程	鸡肉切茸
烹制流程	锅中加上汤，放鸡茸煮开，撇去浮沫──→加罐头粟米糊、盐烧开──→用湿淀粉勾稀芡 ──→离火，倒入鸡蛋液搅成腺子──→出锅装汤碗
成菜特点	色泽金黄，粟米清香，汤羹滑糯，咸鲜微甜
温馨提示	1. 汤里不放糖，只放少许盐，会产生淡淡的甜的回味 2. 先离火再倒入鸡蛋液，要边倒边搅

[巩固提高]

> 课后认真记录菜肴制作的详细过程，做好训练笔记，并举一反三地进行类似菜肴的查询和练习。

2) 酸辣汤 ★★★

使用原料	豆腐 150 克，猪瘦肉 50 克，鸡蛋（1 个）液，香菜 5 克，葱 10 克，盐 10 克，味精 5 克，酱油 10 克，香油 3 克，白胡椒粉 3 克，米醋 50 克，湿淀粉 50 克、水发木耳 25 克，海米 20 克，笋 30 克
菜品图例	
切配流程	豆腐、猪瘦肉、笋、水发木耳切丝——→葱切葱花，香菜切末——→海米泡回软，洗净
烹制流程	锅中加水——→放豆腐丝、猪瘦肉丝、笋丝烧开，撇去浮沫——→加海米、木耳丝——→加盐、酱油、味精——→再加白胡椒粉、米醋烧开——→用湿淀粉勾稀芡，倒入鸡蛋液——→装汤碗——→放香菜末、葱花、淋香油
成菜特点	味道香醇，酸辣开胃
温馨提示	1. 豆腐丝、笋丝、猪瘦肉丝烧开后把浮沫去干净，否则汤会发浑 2. 加醋后一定要烧开，否则汤酸涩难喝，但不能加热太长时间，因为醋易挥发 3. 白胡椒粉在勾芡之前放，勾芡后再放白胡椒粉容易结成疙瘩

[巩固提高]

课后认真记录菜肴制作的详细过程，做好训练笔记，并举一反三地进行类似菜肴的查询和练习。

3) 椒油里脊丝 ★★★

使用原料	猪里脊肉 200 克，青椒 30 克，葱 5 克，油 300 克，花椒油 20 克，汤 500 克，湿淀粉 30 克，料酒 5 克，味精 5 克，盐 6 克，鸡蛋（半个）清，水淀粉 50 克
菜品图例	
切配流程	将猪里脊肉切成长 6 厘米、粗 0.2 厘米的丝——→青椒、葱切丝
烹制流程	1. 肉丝加料酒 2 克、盐 2 克、味精 2 克、鸡蛋清、湿淀粉上浆 2. 锅烧热，加油滑锅倒出——→另加油烧至 3 成热——→放入肉丝滑油倒出 3. 锅内留底油——→炒香葱丝——→加料酒 3 克、汤、盐 4 克、味精 3 克——→放入肉丝、青椒丝翻炒均匀——→水淀粉勾薄芡，淋花椒油——→出锅装盘

成菜特点	鲜咸滑嫩，花椒香味浓郁
温馨提示	勾芡前撇净浮沫，否则汤汁不清

[巩固提高]

> 课后认真记录菜肴制作的详细过程，做好训练笔记，并举一反三地进行类似菜肴的查询和练习。

4）烩鸡丝 ★★★

使用原料	鸡脯肉 200 克，冬笋 50 克，茭白 40 克，盐 3 克，料酒 10 克，清汤 150 克，味精 1 克，鸡蛋清 15 克，湿淀粉 10 克，水淀粉 30 克，葱 3 克，姜 2 克，油 150 克
菜品图例	
切配流程	鸡脯肉切成长 0.2 厘米的细丝 ——→ 冬笋、茭白切成细丝，葱、姜切细末
烹制流程	1. 鸡丝加盐 1 克、鸡蛋清、湿淀粉上浆 2. 锅中加水烧开 ——→ 放入冬笋丝、茭白丝焯水，倒出 3. 锅烧热，加油滑锅倒出 ——→ 另加油烧至 3 成热 ——→ 放入鸡丝，滑熟倒出 4. 锅中加油 20 克 ——→ 炒香葱、姜末 ——→ 加料酒、清汤、盐 2 克、冬笋丝、茭白丝、鸡丝 ——→ 烧开后撇去浮沫，加味精 ——→ 用水淀粉勾芡 ——→ 出锅装汤盘
成菜特点	鸡丝滑润、鲜嫩，口味鲜香，颜色洁白
温馨提示	1. 切鸡丝时要注意顺丝切 2. 鸡丝滑油时注意控制油温

[巩固提高]

> 课后认真记录菜肴制作的详细过程，做好训练笔记，并举一反三地进行类似菜肴的查询和练习。

5）银丝干贝 ★★

使用原料	干贝 30 克，南豆腐 200 克，葱 5 克，姜 3 克，鸡汤 1 500 克，料酒 2 克，盐 3 克，水淀粉 30 克，白胡椒粉 0.5 克

菜品图例	
切配流程	干贝洗净 —→ 南豆腐切成细丝 —→ 葱切段，姜切片
烹制流程	1. 干贝加葱段、姜片、料酒、鸡汤 50 克 —→ 蒸 10 分钟取出晾凉 —→ 用手撕成细丝备用 2. 锅中加剩余鸡汤烧开 —→ 加入南豆腐丝、干贝丝，再加盐、白胡椒粉调味 —→ 煮开后用水淀粉勾稀芡 —→ 出锅装盘
成菜特点	色泽清淡、豆腐嫩滑、羹汤鲜美
温馨提示	南豆腐比较嫩，切配和烹调时动作要轻

[巩固提高]

　　　课后认真记录菜肴制作的详细过程，做好训练笔记，并举一反三地进行类似菜肴的查询和练习。

6）鸡茸烩蹄筋　★★

使用原料	发好的猪蹄筋 350 克，鸡脯肉 50 克，鸡蛋（3 个）清，料酒 3 克，盐 3 克，葱 15 克，葱油 15 克，湿淀粉 10 克，高汤 100 克，熟猪油 50 克
菜品图例	
切配流程	发好的猪蹄筋切段 —→ 鸡脯肉去筋敲成细茸 —→ 葱切碎，泡水取汁
烹制流程	1. 鸡茸放入碗中用水化开 —→ 加料酒、盐 1 克、湿淀粉、鸡蛋清和葱汁调成薄浆 2. 锅中加水烧开 —→ 放入蹄筋段焯水倒出 3. 锅中加熟猪油烧至 3 成热 —→ 放入蹄筋段、高汤和盐 2 克烧入味 —→ 将鸡茸浆徐徐倒入炒熟 —→ 淋上葱油 —→ 出锅装盘
成菜特点	色泽素白，咸鲜清淡，鸡茸柔软细嫩，蹄筋软弹
温馨提示	1. 鸡脯肉去筋，先剁后敲，越细越好 2. 鸡茸调浆时，分多次加入葱汁，并朝一个方向搅动 3. 炒鸡茸时注意不要煳锅

课后认真记录菜肴制作的详细过程，做好训练笔记，并举一反三地进行类似菜肴的查询和练习。

拓展菜品　　烩乌鱼蛋　　西湖莼菜羹

🧁 任务 3　烧

[任务要求]

1. 熟练掌握烧的烹调方法，并能制作以下实习菜品。

2. 运用烧的方法，拓展制作其他菜品。

[任务实施]

1）麻婆豆腐　★★★

使用原料	南豆腐 400 克，牛肉末 50 克，豆瓣辣酱 30 克，豆豉 20 克，青蒜苗 30 克，花椒粉 5 克，水淀粉 50 克，盐 8 克，味精 5 克，糖 5 克，酱油 15 克，料酒 20 克，葱 10 克，姜 5 克，蒜 2 瓣，汤 300 克，油 80 克
菜品图例	
切配流程	南豆腐切成边长 2 厘米的方丁——→葱、姜、蒜切末，青蒜苗切成长 2 厘米的段
烹制流程	1. 锅中加水烧开，放料酒 10 克、盐 5 克——→豆腐丁焯透水捞出 2. 锅烧热加油——→牛肉末炒香至变色——→豆瓣辣酱炒红、炒香——→加葱、姜、蒜末，豆豉炒香——→加豆腐丁、料酒 10 克、汤、酱油、盐 3 克、糖——→烧 1 分钟——→加青蒜苗段、味精，用水淀粉勾芡——→出锅装盘——→撒花椒粉
成菜特点	颜色红亮，香热麻辣，口感嫩滑，味道浓郁
温馨提示	1. 豆腐丁焯水时放料酒和盐，可以去豆腥味，并使豆腐提前入味 2. 勾芡后要边晃锅边用手勺推，使芡汁包裹在豆腐上，防止煳锅 3. 若没有青蒜苗，可以用香葱代替

课后认真记录菜肴制作的详细过程，做好训练笔记，并举一反三地进行类似菜肴的查询和练习。

2) 葱烧豆腐　★★★

使用原料	北豆腐 300 克，葱白 100 克，盐 3 克，料酒 10 克，味精 3 克，酱油 15 克，香油 2 克，水淀粉 15 克，糖 15 克，高汤 250 克，油 1 000 克
菜品图例	
切配流程	北豆腐切成长 3.5 厘米、宽 2.5 厘米、厚 0.6 厘米的长方片——→葱白斜切寸段
烹制流程	1. 锅中加油烧至 6 成热——→下豆腐片炸至金黄色时倒出 2. 锅中留底油 50 克——→炒香葱段——→烹料酒，加高汤、酱油、盐、糖、豆腐片，烧入味——→加味精，用水淀粉勾芡，淋香油——→出锅装盘
成菜特点	色泽红润、明亮，葱香味浓郁
温馨提示	1. 炸豆腐片时掌握好油温，油温过高会使豆腐片变干、颜色变深，油温过低表面不宜炸出硬壳 2. 烧制时掌握好加入酱油的量，应咸鲜适中

课后认真记录菜肴制作的详细过程，做好训练笔记，并举一反三地进行类似菜肴的查询和练习。

3) 家常豆腐　★★★

使用原料	北豆腐 400 克，猪瘦肉 50 克，水发木耳 20 克，葱 20 克，姜 15 克，蒜 15 克，干红辣椒 10 克，冬笋 30 克，料酒 15 克，酱油 15 克，盐 2 克，糖 15 克，味精 2 克，水淀粉 30 克，香油 1 克，汤 200 克，油 1 000 克
菜品图例	

切配流程	北豆腐切成长 3.5 厘米、宽 2.5 厘米、厚 0.8 厘米的片 ——→猪瘦肉、水发木耳、冬笋、葱、姜、干红辣椒切丝
烹制流程	1. 锅中加油烧 6 成热 ——→下豆腐片炸至金黄色时倒出 2. 锅中留底油 50 克 ——→炒香干红辣椒丝、葱丝、姜丝、蒜 ——→加肉丝、冬笋丝、木耳丝略炒 ——→烹料酒 ——→加汤、酱油、盐、糖、豆腐片,烧软入味 ——→加味精 ——→用水淀粉勾芡,淋香油 ——→出锅装盘
成菜特点	色泽红亮,味道浓郁,口感软烂
温馨提示	豆腐片一定要用慢火烧透使其入味

[巩固提高]

课后认真记录菜肴制作的详细过程,做好训练笔记,并举一反三地进行类似菜肴的查询和练习。

4) 干烧芦笋 ★★

使用原料	芦笋 400 克,高汤 100 克,料酒 10 克,葱 10 克,姜 10 克,蒜 10 克,糖 15 克,盐 3 克,酱油 15 克,味精 2 克,香油 3 克,油 750 克
菜品图例	
切配流程	将芦笋洗净剖开切段 ——→葱、姜、蒜切末
烹制流程	1. 锅中加水烧开 ——→放芦笋段焯水断生 ——→倒出用凉水过凉,沥干 2. 锅中加油烧至 5 成热 ——→放入芦笋段过油,倒出 3. 锅中留底油 ——→炒香葱、姜、蒜末 ——→放入芦笋段 ——→加料酒、酱油、盐、糖、味精、高汤,烧入味 ——→收汁,淋香油 ——→出锅装盘
成菜特点	口感脆嫩爽口,口味咸鲜
温馨提示	焯水时水中放少许盐、几滴油,这样焯出来的芦笋段没有土腥味

[巩固提高]

课后认真记录菜肴制作的详细过程,做好训练笔记,并举一反三地进行类似菜肴的查询和练习。

5）干烧大虾 ★★

使用原料	大虾350克，郫县豆瓣酱50克，酱油5克，醋5克，糖30克，味精1克，料酒15克，姜10克，蒜10克，春葱20克，油750克，清汤200克
菜品图例	
切配流程	大虾洗净，取出虾线 ——→ 春葱切葱花，姜、蒜切末
烹制流程	1. 锅内加油烧至5成热 ——→ 放入大虾稍炸，捞起 ——→ 油温升至6成热 ——→ 大虾下锅复炸至皮酥时捞起 2. 锅中留底油 ——→ 放郫县豆瓣酱炒出红色 ——→ 再放姜、蒜末炒香后加清汤、大虾、酱油、糖、料酒、味精，烧入味 ——→ 放葱花、醋 ——→ 将汁收干亮油 ——→ 装盘
成菜特点	色泽美观，虾肉鲜嫩，味咸香辣
温馨提示	1. 菜肴要焖烧一下，使汤汁渗入原料内，才能突出菜肴油大、汁稠和味浓的特点 2. 不可上色过重，不宜添加老抽，否则成菜色泽发黑 3. 尽量将菜肴的汤汁烧干，清水不宜多加，要保持汤汁呈浓稠状 4. 用郫县豆瓣酱烧制的菜肴，咸香辣味十足，不宜加盐调味，否则成菜会过咸发苦

[巩固提高]

　　课后认真记录菜肴制作的详细过程，做好训练笔记，并举一反三地进行类似菜肴的查询和练习。

6）白烧蹄筋 ★★

使用原料	水发蹄筋300克，熟鸡脯肉50克，熟金华火腿50克，笋25克，油菜心4棵，葱10克，姜5克，盐4克，味精4克，糖5克，高汤250克，料酒22克，油300克，水淀粉30克，大葱油15克，湿淀粉5克
菜品图例	
切配流程	水发蹄筋剖开，切成长6厘米、手指粗细的条 ——→ 熟鸡脯肉、熟金华火腿、笋切片，葱切段，姜切大片

烹制流程	1. 鸡肉片加料酒 2 克、盐 1 克、味精 1 克、湿淀粉上浆 2. 锅中加水烧开 ——→ 加料酒 10 克 ——→ 蹄筋、笋片焯水倒出 3. 锅烧热，加油滑锅倒出 ——→ 另加油烧至 3 成热 ——→ 放入鸡肉片滑油倒出 4. 锅中留底油 30 克 ——→ 炒香葱段、姜片 ——→ 加料酒 10 克、高汤煮出味 ——→ 捞出葱段、姜片 ——→ 放蹄筋条、鸡肉片、笋片、火腿片、盐 3 克、糖，烧入味 ——→ 加油菜心、味精 3 克 ——→ 水淀粉勾芡，淋大葱油 ——→ 出锅装盘
成菜特点	蹄筋软弹，滋味醇厚，芡汁明亮
温馨提示	烧制过程中注意撇净浮沫，掌握火候

[巩固提高]

> 课后认真记录菜肴制作的详细过程，做好训练笔记，并举一反三地进行类似菜肴的查询和练习。

7）红烧蹄筋 ★★

使用原料	发好的蹄筋 300 克，熟金华火腿 30 克，水发冬菇 30 克，冬笋 30 克，油菜帮 100 克，葱 10 克，姜 5 克，料酒 10 克，盐 3 克，酱油 25 克，糖 15 克，味精 3 克，白胡椒粉 1 克，水淀粉 10 克，奶汤 500 克，大葱油 15 克，油 80 克
菜品图例	
切配流程	发好的蹄筋剖开，切成长 6 厘米、手指粗细的条 ——→ 熟金华火腿、水发冬菇、冬笋切片，油菜帮切段，葱切段，姜切大片
烹制流程	1. 锅中加水烧开 ——→ 放入蹄筋条焯水倒出 ——→ 挤干水分 2. 锅中加油烧热 ——→ 放葱段、姜片炒出香味 ——→ 加奶汤略煮 ——→ 捞出葱段、姜片 3. 汤中加料酒、酱油、糖、冬菇片、冬笋片、火腿片、蹄筋条 ——→ 烧开后转小火烧透入味 ——→ 加油菜帮段、白胡椒粉、味精 ——→ 用水淀粉勾芡，淋大葱油 ——→ 出锅装盘
成菜特点	色泽红亮，蹄筋柔软细嫩，口味咸鲜
温馨提示	1. 要选用形态饱满、发透的蹄筋 2. 用水淀粉勾芡时，应徐徐淋入，并注意汤汁的浓稠变化

[巩固提高]

> 课后认真记录菜肴制作的详细过程，做好训练笔记，并举一反三地进行类似菜肴的查询和练习。

8）红烧鱼　★★★

使用原料	鲤鱼 1 条（约 800 克），猪肥瘦肉 25 克，笋 15 克，油菜心 10 克，水发香菇 10 克，葱 15 克，姜 10 克，蒜 2 瓣，水淀粉 30 克，盐 5 克，料酒 15 克，醋 5 克，酱油 35 克，味精 5 克，糖 30 克，汤 500 克，葱姜油 20 克，油 1 500 克
菜品图例	
切配流程	鲤鱼去鳞、鳃、内脏后洗净，两面剞宽 2.5 厘米的斜一字刀纹──→猪肥瘦肉、笋、水发香菇切片，葱切段，姜切大片，蒜切片
烹制流程	1. 鲤鱼加盐、酱油 5 克、料酒 5 克腌制入味 2. 锅中加油烧至 6 ~ 7 成热──→放入鲤鱼炸熟倒出 3. 锅中加油 50 克──→加葱段、姜片、蒜片炒香──→放入鲤鱼、料酒 10 克、醋、酱油 30 克、汤、糖、笋片、香菇片、烧入味──→将鲤鱼捞出装盘──→挑出葱段、姜片──→放油菜心、味精──→水淀粉勾芡，淋葱姜油──→浇鱼上即可
成菜特点	鲤鱼形态完整，色泽红亮，口味咸鲜微甜
温馨提示	1. 鱼去内脏时注意不要把苦胆弄破，鱼腹部的黑膜要去干净 2. 炸鱼和烧鱼时注意不要烧煳锅底 3. 鱼装盘时注意正反面

[巩固提高]

　　课后认真记录菜肴制作的详细过程，做好训练笔记，并举一反三地进行类似菜肴的查询和练习。

9）干烧鱼　★★★

使用原料	草鱼 1 条（约 1 000 克），猪肥瘦肉 20 克，干红辣椒 4 个，笋 20 克，榨菜 5 克，葱 15 克，姜 10 克，火腿 15 克，水发香菇 10 克，青豆 12 粒，糖 25 克，酱油 35 克，味精 5 克，汤 750 克，香油 3 克，料酒 15 克，豆瓣辣酱 20 克，醋 10 克，油 1 500 克
菜品图例	

切配流程	草鱼去鳞、鳃、内脏后洗净，两面剖宽 0.8 厘米的斜一字刀纹——→猪肥瘦肉、笋、水发香菇、榨菜切丁，葱、姜切末，干红辣椒切碎
烹制流程	1. 草鱼加酱油 5 克、料酒 5 克腌制入味 2. 锅中加油烧至 6 ~ 7 成热——→放入草鱼炸熟倒出 3. 锅中加油 75 克——→加干红辣椒碎、葱末、姜末、猪肥瘦肉丁、豆瓣辣酱炒香——→放入草鱼、料酒 10 克、醋、酱油 30 克、汤、糖、笋丁、香菇丁、榨菜丁、火腿，烧入味——→将草鱼捞出装盘——→放青豆、味精、香油——→收浓汤汁——→浇鱼身上即可
成菜特点	鱼肉干香，颜色红亮，滋味醇厚鲜美
温馨提示	1. 鱼去内脏时注意不要把苦胆能破，鱼腹部的黑膜要去干净 2. 刀纹要深至鱼骨 3. 炸鱼时注意不烧煳锅底，一定要炸干，这样才能烧入味

[巩固提高]

    课后认真记录菜肴制作的详细过程，做好训练笔记，并举一反三地进行类似菜肴的查询和练习。

10) 红烧肚块 ★★

使用原料	熟猪肚 400 克，冬笋 15 克，水发冬菇 15 克，葱 10 克，姜 5 克，酱油 25 克，盐 2 克，料酒 15 克，味精 3 克，糖 15 克，水淀粉 30 克，清汤 200 克，花椒油 10 克，油 50 克，八角 1 个
菜品图例	
切配流程	熟猪肚去掉油脂，切成长 4 厘米、宽 2 厘米、厚 0.5 厘米的长方块——→冬笋、水发冬菇分别切成略小于肚块的长方块，葱、姜切大片
烹制流程	1. 锅中加水烧开——→放入肚块、冬笋块、冬菇块焯水倒出 2. 锅中加油烧热——→炒香葱片、姜片、八角——→烹料酒——→加清汤、酱油、盐、糖，烧开——→捞出葱片、姜片、八角 3. 放入肚块、冬菇块、冬笋块——→用小火烧至汤汁剩三分之一——→加味精——→水淀粉勾芡，淋花椒油——→出锅装盘
成菜特点	色泽红亮，肚烂汁浓，咸鲜香醇
温馨提示	1. 猪肚要选用熟烂的，改刀时去净油脂 2. 烧制时先旺火烧开，再改用小火烧透

> 课后认真记录菜肴制作的详细过程，做好训练笔记，并举一反三地进行类似菜肴的查询和练习。

11) 红烧海螺 ★

使用原料	鲜海螺肉 350 克，水发冬菇 25 克，冬笋 20 克，水发木耳 25 克，葱 10 克，姜 5 克，蒜 5 克，料酒 15 克，甜面酱 15 克，水淀粉 15 克，汤 100 克，酱油 10 克，糖 15 克，油 750 克，香油 2 克
菜品图例	
切配流程	鲜海螺肉清洗干净，切成 2 厘米厚的大片，剞十字花刀（或蓑衣花刀）后改大块——→冬笋、水发冬菇切片，水发木耳撕小朵，葱切丁，姜、蒜切片
烹制流程	1. 锅中加水烧开——→浇在海螺肉上，控水 2. 锅中加油烧至 4 成热——→海螺肉快速促油倒出 3. 锅中留底油 40 克——→炒香葱丁、姜片、蒜片——→加甜面酱炒香——→烹料酒——→加汤、酱油、糖、冬笋片、冬菇片、木耳、海螺肉，小火略烧——→水淀粉勾芡，淋香油——→出锅装盘
成菜特点	螺肉外观红亮，口感鲜嫩
温馨提示	1. 清洗海螺肉时用盐醋搓洗法 2. 海螺肉促油时间要短

[巩固提高]

> 课后认真记录菜肴制作的详细过程，做好训练笔记，并举一反三地进行类似菜肴的查询和练习。

12) 葱烧海参 ★★

使用原料	水发海参 500 克，大葱白 100 克，酱油 25 克，糖 15 克，盐 10 克，味精 3 克，料酒 20 克，水淀粉 20 克，高汤 450 克，大葱油 25 克，油 50 克
菜品图例	

切配流程	水发海参去内脏、韧带、沙，洗净，切成长 7 ~ 8 厘米、厚 0.8 厘米、宽 2 厘米的条（小的也可以，整只不用改刀）——→大葱白切成 5 厘米长的段
烹制流程	1. 锅中加高汤 300 克、料酒 10 克、盐——→放入海参煮 1 分钟焯透水倒出 2. 锅中加油 50 克——→小火炒香葱段至金黄色——→放海参、料酒 10 克、酱油，略炒——→加高汤 150 克、糖、烧入味——→加味精——→水淀粉勾芡，淋大葱油翻匀——→出锅装盘
成菜特点	海参糯嫩，芡汁红亮，口味咸鲜，葱香浓郁
温馨提示	炒葱段时不要放太多油，避免芡汁包裹不住海参；淋大葱油后不可多翻

[巩固提高]

> 课后认真记录菜肴制作的详细过程，做好训练笔记，并举一反三地进行类似菜肴的查询和练习。

13) 南煎丸子　★★★

使用原料	猪肥瘦肉 200 克，冬笋 15 克，水发木耳 10 克，鸡蛋 1 个，葱 3 克，姜 2 克，酱油 15 克，味精 1 克，湿淀粉 40 克，水淀粉 20 克，料酒 10 克，糖 5 克，盐 2 克，香油 3 克，油 50 克，清汤 100 克
菜品图例	
切配流程	猪肥瘦肉剁成肉泥——→葱、姜切末，冬笋切象眼片，水发木耳撕成小朵
烹制流程	1. 猪肉泥加湿淀粉、酱油 5 克、葱末、姜末、鸡蛋、盐搅拌均匀调成肉馅 2. 锅烧热，加油滑锅倒出——→另加油 50 克烧热——→将肉馅挤成丸子放入锅中——→用手勺轻轻按扁——→慢慢转勺——→煎至两面金黄，倒出多余的油 3. 烹料酒——→加清汤、酱油 10 克、糖、味精——→小火烧透入味——→放入冬笋片、木耳——→用水淀粉勾熘芡，淋香油——→出锅拖倒入盘中
成菜特点	口感脆嫩爽口，口味咸鲜香辣，菜有色调明快
温馨提示	1. 煎制丸子前，一定要用油炙好锅，避免丸子粘锅 2. 成菜后要求丸子形整不散，因此丸子放入锅前不要加太多油，可在丸子放完后再从锅边倒入一些油

[巩固提高]

> 课后认真记录菜肴制作的详细过程，做好训练笔记，并举一反三地进行类似菜肴的查询和练习。

14) 九转大肠　★

使用原料	熟猪大肠头 500 克，葱 5 克，姜 5 克，蒜 10 克，香菜 10 克，酱油 10 克，盐 2 克，料酒 10 克，醋 20 克，味精 1 克，糖 50 克，清汤 300 克，白胡椒粉 1 克，肉桂粉 1 克，砂仁粉 1 克，花椒油 10 克，油 1 000 克
菜品图例	
切配流程	熟猪大肠头切成长 2.5 厘米的段——→葱、姜、蒜、香菜切末
烹制流程	1. 锅中加水烧开——→放入大肠头焯透水，倒出 2. 锅中加油烧至 7 成热——→放入大肠头炸至金黄色时倒出 3. 锅中留底油 30 克——→加糖 30 克炒出糖色——→放葱、姜、蒜末，大肠头炒上色——→烹醋、料酒——→加清汤、糖 20 克、酱油、盐——→用微火烧至汤汁收尽——→再放入白胡椒粉、肉桂粉、砂仁粉、味精——→淋花椒油——→出锅装盘——→撒上香菜末
成菜特点	色泽红润，质地软烂，肥而不腻，甜、酸、香、辣、鲜五味俱全
温馨提示	大肠头要煮至熟烂，但不可过软

[巩固提高]

　　课后认真记录菜肴制作的详细过程，做好训练笔记，并举一反三地进行类似菜肴的查询和练习。

拓展菜品

红烧肉

🧁 任务 4 　扒

[任务要求]

　　1. 熟练掌握扒的烹调方法，并能制作以下实习菜品。

　　2. 运用扒的方法，拓展制作其他菜品。

1) 香菇扒油菜 ★★★

使用原料	油菜400克，水发香菇200克，葱10克，蒜10克，油50克，料酒10克，盐10克，味精3克，香油1克，汤50克，水淀粉10克，蚝油10克，酱油5克，糖5克
菜品图例	
切配流程	油菜摘去外面的老叶、黄叶，修剪至长12～15厘米，整棵洗净——→葱、蒜切末，水发香菇斜刀片开
烹制流程	1. 锅中加水烧开——→加盐5克，油5克——→放入油菜焯水倒出 2. 锅中加油——→炒香葱、蒜末——→放入油菜，料酒，盐5克，味精，少量水——→水淀粉勾芡，淋香油——→整齐摆入盘内 3. 锅中加汤——→放香菇块、蚝油、酱油、糖，烧入味——→勾芡，淋香油——→浇在油菜上即可
成菜特点	形状整齐，味道咸鲜，香气浓郁
温馨提示	1. 注意焯水时水中加少许盐和油，沸水下锅，时间要短 2. 装盘时注意油菜造型圆整，香菇块摆放在中间，伞面朝上

[巩固提高]

> 课后认真记录菜肴制作的详细过程，做好训练笔记，并举一反三地进行类似菜肴的查询和练习。

2) 扒白菜卷 ★★

使用原料	猪肥瘦肉200克，白菜叶250克，黄瓜100克，水发冬菇50克，火腿50克，花椒5克，葱5克，姜5克，盐5克，味精3克，料酒15克，香油2克，水淀粉30克，清汤150克，油50克
菜品图例	
切配流程	白菜叶洗净，焯水过凉——→葱、姜切末，黄瓜、水发冬菇、火腿切丝——→花椒泡水——→猪肥瘦肉剁成泥

续表

烹制流程	1. 肉泥加葱末 3 克、姜末 3 克、料酒 10 克、盐 3 克、味精、花椒水、香油调成馅 2. 白菜叶抹上肉馅——▶摆上黄瓜丝、冬菇丝、火腿丝——▶卷成卷 3. 锅内加油烧热——▶葱、姜末各 2 克炒香——▶加料酒 5 克、清汤、盐 2 克——▶把白菜卷整齐地平放入锅内——▶小火煨熟 4. 捞出白菜卷，从中间斜切成两段摆入盘中 5. 锅中汤汁用水淀粉勾芡——▶浇在白菜卷上即可
成菜特点	白菜卷大小均匀，咸鲜软嫩，芡汁明亮，色彩鲜艳
温馨提示	掌握好白菜卷蒸制的时间，不要过长

[巩固提高]

课后认真记录菜肴制作的详细过程，做好训练笔记，并举一反三地进行类似菜肴的查询和练习。

3）扒鱼浮 ★

使用原料	净牙片鱼肉 200 克，油菜心 30 克，料酒 5 克，盐 5 克，味精 2 克，葱姜水 20 克，葱 30 克，姜 15 克，鸡蛋清 50 克，清汤 200 克，水淀粉 20 克，熟鸡油 10 克，熟猪油 1 000 克
菜品图例	
切配流程	净牙片鱼肉剁成细泥——▶葱、姜切大片，加少量水浸泡再挤干水分备用
烹制流程	1. 鱼泥加料酒 2 克、盐 3 克、味精 1 克、葱姜水搅匀上劲——▶再加入鸡蛋清——▶加清汤 50 克搅匀 2. 锅中加水烧开——▶放入油菜心焯水倒出 3. 锅中加熟猪油烧至 3 成热——▶将鱼泥用汤勺制成长椭圆形的丸子放入油中——▶小火加热至 8 成熟时捞出——▶放入开水中漂净浮油 4. 锅中加熟猪油 30 克——▶加葱片、姜片炒至金黄色——▶烹料酒 3 克，加清汤 150 克略煮——▶捞出葱片、姜片——▶加盐 2 克、鱼丸、油菜心——▶烧开后撇净浮沫——▶加味精 1 克，用水淀粉勾芡，淋熟鸡油——▶出锅装汤盘
成菜特点	色泽洁白，口味鲜美，质地软嫩
温馨提示	1. 鱼泥要剁细，最好用细纱布过滤一遍 2. 鱼泥加清汤时要分多次加入，每次加清汤后先搅上劲，才能再次加入清汤 3. 鱼泥搅好后要立刻使用，时间长易返水

[巩固提高]

　　课后认真记录菜肴制作的详细过程，做好训练笔记，并举一反三地进行类似菜肴的查询和练习。

4) 红扒肘子 ★★

使用原料	猪肘 1 500 克，葱 15 克，姜 15 克，八角 5 克，花椒 3 克，桂皮 5 克，料酒 20 克，酱油 100 克，盐 6 克，糖 50 克，水淀粉 20 克，香油 3 克
菜品图例	
切配流程	葱切段，姜切片
烹制流程	1. 将猪肘皮上的细毛用火燎后刮洗干净——→沸水煮透 2. 锅内加糖 30 克炒出糖色——→加水、葱段、姜片、八角、花椒、桂皮、糖 20 克、盐、酱油、料酒、猪肘烧沸——→撇去血沫——→微火炖至 6 ~ 7 成熟捞出 3. 将猪肘皮朝下放入大碗中——→浇原汤——→旺火蒸至酥烂 4. 把原汤滗在锅中——→猪肘皮朝上放入大平盘——→锅内加原汁调味——→旺火烧沸——→水淀粉勾芡——→淋香油——→浇在猪肘上即成
成菜特点	香而不腻，味道醇厚，色泽红润
温馨提示	1. 在红肉面上用刀剖深度约 3 厘米的十字花纹，可以更好入味 2. 如果用冰糖，颜色会更加红亮有光泽

[巩固提高]

　　课后认真记录菜肴制作的详细过程，做好训练笔记，并举一反三地进行类似菜肴的查询和练习。

拓展菜品

扒原壳鲍鱼

虾子扒海参

任务5　炖

[任务要求]

　　1. 熟练掌握炖的烹调方法，并能制作以下实习菜品。

　　2. 运用炖的方法，拓展制作其他菜品。

[任务实施]

　　1）清炖鸡　★★

使用原料	公鸡1只（约600克），盐10克，白胡椒粉1克
菜品图例	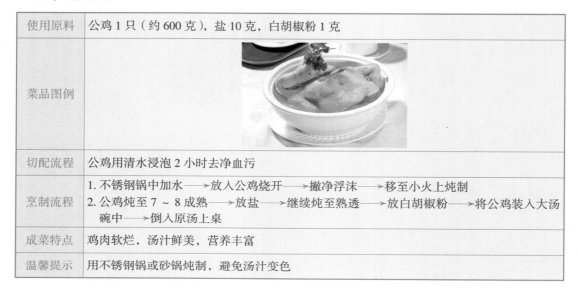
切配流程	公鸡用清水浸泡2小时去净血污
烹制流程	1. 不锈钢锅中加水——→放入公鸡烧开——→撇净浮沫——→移至小火上炖制 2. 公鸡炖至7～8成熟——→放盐——→继续炖至熟透——→放白胡椒粉——→将公鸡装入大汤碗中——→倒入原汤上桌
成菜特点	鸡肉软烂，汤汁鲜美，营养丰富
温馨提示	用不锈钢锅或砂锅炖制，避免汤汁变色

[巩固提高]

　　课后认真记录菜肴制作的详细过程，做好训练笔记，并举一反三地进行类似菜肴的查询和练习。

　　2）醋椒鱼　★★

使用原料	活鲤鱼1条（约750克），奶汤1 000克，葱25克，姜25克，香菜15克，醋50克，白胡椒粉15克，料酒20克，盐10克，味精3克，油30克，香油1克
菜品图例	

切配流程	活鲤鱼宰杀后去鳞、鳃、内脏、白筋、喉骨洗净，两面剞柳叶花刀——→香菜切寸段，葱、姜各 10 克切丝，葱 15 克切段，姜 15 克切大片
烹制流程	1. 锅中加水烧开——→放入鲤鱼焯水，捞出 2. 锅中加油烧热——→炒香葱段、姜片——→烹料酒——→加入奶汤、鲤鱼，大火烧开——→加盐——→改用小火炖 7 ~ 8 分钟——→去掉葱段、姜片——→再放入葱丝、姜丝、白胡椒粉、醋、味精——→烧开盛入大汤碗中——→撒香菜段、淋香油
成菜特点	鱼肉鲜嫩，汤汁酸辣适口
温馨提示	先炖一会再放盐，汤汁更鲜美

[巩固提高]

> 课后认真记录菜肴制作的详细过程，做好训练笔记，并举一反三地进行类似菜肴的查询和练习。

3) 羊排炖山药 ★★

使用原料	羊肋排 250 克，山药 300 克，葱 20 克，姜 10 克，小茴香 10 克，盐 10 克，味精 5 克，香菜 5 克，白胡椒粉 1 克
菜品图例	
切配流程	山药去皮洗净，切滚料块——→羊肋排剁成长 5 厘米的段——→葱 15 克、姜拍裂，葱 5 克切葱花、香菜切末
烹制流程	1. 锅中加水烧开——→放入羊肋排段焯透，倒出 2. 锅中加水（1 000 克）——→放入葱块、姜块、羊肋排段、盐、小茴香——→大火烧开转小火——→炖至软烂，汤色浓白——→加山药块炖透入味——→加味精、白胡椒粉——→出锅装汤碗（或锅仔）——→撒香菜末、葱花
成菜特点	鲜美无比，营养丰富
温馨提示	1. 小茴香用纱布包好后再放入汤中煮 2. 羊肉为燥热之物，肝病、体质偏热、感冒、发热、大便干燥以及湿气重者勿食

[巩固提高]

> 课后认真记录菜肴制作的详细过程，做好训练笔记，并举一反三地进行类似菜肴的查询和练习。

4) 萝卜丝炖鲫鱼 ★★

使用原料	鲫鱼1条（约300克），白萝卜150克，金华火腿15克，盐5克，料酒10克，高汤1 000克，葱5克，姜5克，油50克，白胡椒粉0.5克，香菜5克
菜品图例	
切配流程	鲫鱼去鳞、鳃和内脏，洗净──→直刀斜剞出宽2厘米的一字刀纹──→白萝卜、金华火腿、葱、姜切丝，香菜切成长1厘米的段
烹制流程	锅烧热，加油滑锅倒出──→另加油50克──→放入鲫鱼两面略煎，倒入料酒──→加高汤、葱丝、姜丝、白萝卜丝、金华火腿丝──→炖至汤汁浓白──→放盐再炖1分钟，加白胡椒粉──→出锅装汤碗，撒香菜段
成菜特点	鲫鱼肉质细嫩，汤色乳白，汁浓馥郁，咸鲜味美
温馨提示	1. 清洗鲫鱼时，鱼腹内的黑膜一定要洗干净，否则鱼汤味道会腥苦 2. 炖汤时，开始不要加盐，以便使鲫鱼中的营养物质更好的溶于汤中 3. 汤中不要放味精，放味精会破坏汤原有的鲜味

[巩固提高]

课后认真记录菜肴制作的详细过程，做好训练笔记，并举一反三地进行类似菜肴的查询和练习。

5) 小鸡炖蘑菇 ★★

使用原料	小公鸡1只（约500克），水发榛蘑200克，葱20克，姜10克，八角5克，花椒10粒，桂皮3克，酱油10克，蚝油5克，料酒20克，盐10克，糖50克，油50克
菜品图例	
切配流程	小公鸡洗净，剁成3.5厘米见方的块──→水发榛蘑洗净撕开，葱切段，姜拍裂
烹制流程	1. 锅中加水烧开──→放入鸡块焯透水，倒出 2. 锅中加油──→加糖炒出糖色──→放入葱段、姜块、鸡块炒匀──→加料酒、八角、花椒、盐、桂皮、酱油、蚝油、榛蘑──→大火烧开，转小火──→炖至熟烂入味──→出锅装汤碗

成菜特点	鸡肉酥烂，汤鲜味美，香味浓厚
温馨提示	鸡要选用当年的小公鸡，水发榛蘑要洗净去沙并撕开

[巩固提高]

课后认真记录菜肴制作的详细过程，做好训练笔记，并举一反三地进行类似菜肴的查询和练习。

6）西红柿炖牛腩 ★★

使用原料	牛腩 500 克，西红柿 500 克，料酒 15 克，生抽 15 克，盐 5 克，糖 30 克，桂皮 5 克，八角 10 克，葱 30 克，姜 15 克，干辣椒 10 克，香菜 5 克
菜品图例	
切配流程	牛腩、西红柿分别切成 2 ~ 3 厘米见方的小块——→葱切段，姜切大片，香菜切末
烹制流程	1. 锅中加水烧开——→放入牛腩块焯水，倒出 2. 锅中加油烧热——→放葱段、姜片、八角、桂皮炒香——→放入牛腩块炒至变色——→加料酒、水、盐、生抽、糖 10 克、干辣椒、大火烧开——→小火炖至软烂倒出 3. 锅中加油烧热——→放入西红柿块炒香——→加入牛腩块和原汤——→再加糖 20 克，炖入味——→出锅，用香菜点缀
成菜特点	牛肉软烂，汤浓味美，酸甜适口
温馨提示	炒好的牛腩块一定要加开水

[巩固提高]

课后认真记录菜肴制作的详细过程，做好训练笔记，并举一反三地进行类似菜肴的查询和练习。

拓展菜品

蟹粉狮子头

黄山炖鸽

[训练过程评价参考标准]

评分内容	标准分	扣分幅度	扣分原因			
味　感	35	1 ~ 12	味型不准 1 ~ 4	主味不浓 1 ~ 4	味重或淡 1 ~ 6	有异味 1 ~ 8
质　感	20	1 ~ 8	主料过火或欠火 1 ~ 6	辅料过火或欠火 1 ~ 4	不软烂 1 ~ 4	不入味 1 ~ 4
观　感	35	1 ~ 12	刀工不精 1 ~ 6	用汁不准 1 ~ 4	色泽不正 1 ~ 4	成型不美 1 ~ 3
卫生时间	10	1 ~ 4	生熟不分 1 ~ 2	成品有异物 1 ~ 2	餐具不卫生 1 ~ 2	操作时间超时 1 ~ 2
备　注	1. 凡因各种原因造成菜品不能食用或烹调方法错误的，整个菜品评定为 0 分 2. 各项扣分总数不超过该项目扣分幅度					

项目3　煮、蒸、汆

[项目导入]

　　通过本项目的训练，重点掌握每种烹调方法在操作过程中的运用，体现各地区菜品的不同风味特色。

[项目要求]

　　1.了解煮、蒸、汆等烹调方法形成的风味特点。

　　2.掌握用煮、蒸、汆等烹调方法制作菜肴的步骤和要点。

任务准备

　　1. 工作服穿戴整齐。

　　2. 实训用具准备齐全。

任务1　煮

[任务要求]

　　1.熟练掌握煮的烹调方法，并能制作以下实习菜品。

　　2.运用煮的方法，拓展制作其他菜品。

1) 西红柿蛋汤 ★★★

使用原料	西红柿 200 克，鸡蛋 1 个，香菜 5 克，葱 10 克，盐 15 克，味精 5 克，香油 2 克，水淀粉 30 克，油 25 克
菜品图例	
切配流程	西红柿洗净切片——→鸡蛋打散成鸡蛋液，葱切葱花，香菜切成长 1 厘米的段
烹制流程	锅中加油——→爆香葱花——→放西红柿片炒出汁——→加水、盐烧开，放味精——→水淀粉勾稀芡，撇入鸡蛋液——→出锅装汤碗——→放香菜，淋香油
成菜特点	汤汁味道咸鲜微酸，有浓郁的西红柿香味
温馨提示	1. 西红柿片先炒出汁再加水，西红柿味会更容易融入汤里 2. 汤煮开后先勾芡再撇入鸡蛋液，随即关火搅匀，打出的蛋片才会薄而嫩 3. 香油一定要出锅后再加，这样香油味才浓郁

[巩固提高]

> 课后认真记录菜肴制作的详细过程，做好训练笔记，并举一反三地进行类似菜肴的查询和练习。

2) 三鲜汤 ★★★

使用原料	水发海参 150 克，虾仁 100 克，鸡胸肉 100 克，口蘑 20 克，冬笋 20 克，油菜心 10 克，清汤 1 000 克，料酒 8 克，盐 6 克，味精 2 克，白胡椒粉 1 克，湿淀粉 10 克，鸡蛋清 5 克，香油 1 克
菜品图例	
切配流程	水发海参斜刀片成片，虾仁片大片，鸡胸肉片薄片，口蘑、冬笋切片，油菜心洗净
烹制流程	1. 将虾仁片、鸡胸肉片分别加料酒 2 克、盐 1 克、鸡蛋清、湿淀粉拌匀上浆——→海参片用清水浸泡去味 2. 锅中加水烧开分别放入海参片、虾仁片、鸡胸肉片、口蘑片、冬笋片、油菜心焯水，倒出 3. 锅中加清汤——→放入主辅料——→加料酒 6 克、盐 5 克、味精烧开——→撇去浮沫——→撒白胡椒粉，淋香油——→出锅装汤盘

成菜特点	色泽鲜艳，质地鲜嫩，汤清味醇
温馨提示	虾仁片、鸡胸肉片焯水时间不要太长，以保持质地鲜嫩

[巩固提高]

　　课后认真记录菜肴制作的详细过程，做好训练笔记，并举一反三地进行类似菜肴的查询和练习。

3）盐水虾 ★★★

使用原料	鲜活虾 500 克，盐 15 克，姜 10 克，葱 10 克，料酒 15 克，花椒 10 粒
菜品图例	
切配流程	将鲜活虾挑出沙线、沙袋，洗净——→葱切段，姜切大片
烹制流程	锅中加水——→放葱段、姜片、花椒、盐煮出味——→捞出葱段、姜片、花椒，加料酒——→放入鲜活虾煮至断生——→捞出装盘
成菜特点	口味咸鲜，原汁原味
温馨提示	原料一定要选择鲜活虾，煮的时间不要过长，要旺火快煮

[巩固提高]

　　课后认真记录菜肴制作的详细过程，做好训练笔记，并举一反三地进行类似菜肴的查询和练习。

4）奶汤白菜 ★★

使用原料	白菜心 400 克，冬笋 20 克，金华火腿 20 克，葱 10 克，姜 10 克，盐 5 克，味精 3 克，奶汤 500 克，油 20 克
菜品图例	

切配流程	白菜心洗净沥干水，切成宽 4 厘米的条 ——→ 冬笋、金华火腿分别洗净切片，葱切段，姜切片
烹制流程	1. 锅中加水烧开 ——→ 放入白菜心、冬笋片焯水倒出 2. 锅中加油 ——→ 炒香葱段、姜片 ——→ 加奶汤煮出味 ——→ 捞出葱段、姜片，撇净汤面的油 ——→ 放入白菜心、冬笋片、火腿片、盐，煮入味 ——→ 加味精 ——→ 出锅装汤碗
成菜特点	白菜鲜美，汤白醇香
温馨提示	煮制时注意掌握白菜的火候

[巩固提高]

课后认真记录菜肴制作的详细过程，做好训练笔记，并举一反三地进行类似菜肴的查询和练习。

5）鸡火煮干丝 ★★

使用原料	豆腐方干 500 克，熟鸡丝 50 克，熟鸡肝 25 克，熟鸡胗 25 克，熟金华火腿 10 克，冬笋 30 克，豆苗 20 克，虾仁 10 克，白酱油 10 克，盐 5 克，虾子 2 克，料酒 20 克，味精 3 克，湿淀粉 5 克，清鸡汤 250 克，熟猪油 60 克，油 150 克
菜品图例	
切配流程	将豆腐方干先片成薄片，再切成细丝 ——→ 虾仁去虾线洗净，熟金华火腿、冬笋切丝
烹制流程	1. 锅中加水烧开 ——→ 放入豆腐方干丝反复浸烫两次倒出，用凉水浸泡 2. 虾仁加料酒、盐 1 克，味精、湿淀粉抓匀上浆 ——→ 放入 3 成油温的油锅中滑熟，倒出 3. 锅中加清鸡汤、豆腐方干丝、熟鸡丝、熟鸡胗、熟鸡肝、冬笋丝、虾子、熟猪油 ——→ 烧至汤汁浓稠发白 ——→ 再加白酱油，盐 4 克 ——→ 煮 2 分钟 4. 将豆腐方干丝盛入大碗中 ——→ 盖上熟鸡丝、熟鸡胗、熟鸡肝、冬笋丝 ——→ 撒火腿丝、虾仁 ——→ 将豆苗烫过围在四周 ——→ 浇汤即可
成菜特点	方干丝绵软爽口，配料色彩鲜明，汤汁醇厚味美
温馨提示	1. 方干尽量选用质地细腻、压制紧密的黄豆制作的豆腐干 2. 豆腐方干切丝后放碱水中浸泡，去除酸味 3. 豆腐方干丝要烫透，尽量去除黄泔味

6) 水煮肉片　★★

使用原料	猪瘦肉 200 克，大白菜叶 150 克，葱 15 克，姜 10 克，蒜 5 瓣，豆瓣辣酱 50 克，干辣椒 50 克，麻椒 30 克，料酒 20 克，盐 12 克，味精 10 克，酱油 10 克，香油 30 克，四川泡椒 20 克，湿淀粉 50 克，鸡蛋（半个）清，汤 300 克，油 170 克
菜品图例	
切配流程	猪瘦肉切成长 6 厘米、宽 3.5 厘米、厚 0.2 厘米的片——→大白菜叶撕碎——→葱切葱花，姜切片，蒜剁末，四川泡椒切末
烹制流程	1. 干辣椒、麻椒 25 克分别炒干，破成碎末 2. 肉片加料酒 5 克、盐 3 克、味精 2 克、鸡蛋清、湿淀粉上浆 3. 锅中加油 20 克——→放白菜叶、盐 2 克，炒至断生——→装入汤碗中 4. 锅中加油 50 克——→炒香葱花 10 克、姜片、麻椒 5 克、泡椒末——→加豆瓣辣酱炒香——→烹料酒 15 克，加汤、酱油、盐 7 克、味精 8 克——→汤末烧开时，放入肉片搅散——→烧开后，倒入汤碗中——→撒干辣椒碎、麻椒碎、蒜末、葱花 5 克 5. 锅中加油 100 克烧至 6 成热——→加入香油再烧热——→淋在面上，把干辣椒碎、麻椒碎、蒜末、葱花炝香即可
成菜特点	肉嫩菜鲜，汤红油亮，麻辣鲜香
温馨提示	1. 炒麻椒、泡椒时火候要轻 2. 肉片一定要汤没煮开时下锅，不要久煮，刚熟就好 3. 最后浇的油一定要热，才能炝出香味

[巩固提高]

　　课后认真记录菜肴制作的详细过程，做好训练笔记，并举一反三地进行类似菜肴的查询和练习。

7) 水煮鱼　★★

使用原料	草鱼 1 条（约 1 000 克），黄豆芽 400 克，鸡蛋（1 个）清，麻椒 25 克，干红辣椒 50 克，葱 20 克，姜 10 克，蒜 15 克，盐 10 克，红薯淀粉 15 克，白胡椒粉 5 克，味精 3 克，料酒 20 克，油 150 克

菜品图例	
切配流程	草鱼去鳞、鳃、内脏洗净，剁下头尾，剔出净鱼片，斜刀片成 0.5 厘米厚的片——➤鱼头、鱼尾、鱼骨、鱼刺剁块——➤干红辣椒、葱切段，姜、蒜切片
烹制流程	1. 鱼片加盐 5 克、料酒 10 克、白胡椒粉 2 克、鸡蛋清、红薯淀粉抓匀上浆 2. 锅中加油——➤炒香麻椒 15 克、干红辣椒段 30 克、葱段、姜片、蒜片——➤放入黄豆芽、鱼骨块、鱼尾块、鱼头块、鱼刺块炒香——➤加料酒 10 克、水、盐 5 克、白胡椒粉 3 克、味精烧开，略煮——➤捞出所有原料放汤碗底部——➤汤留锅内 3. 鱼片分散放入汤中——➤小火煮熟——➤倒入汤碗中 4. 锅中加油——➤放麻椒 10 克、干红辣椒段 20 克慢火炸香——➤浇在鱼片上即可
成菜特点	鱼肉滑嫩，油而不腻，辣而不燥，麻而不苦
温馨提示	1. 鱼肉的味道是靠腌制出来的，要腌透 2. 麻椒、干红辣椒段不要炒煳，焦煳会影响口味，也不利于健康 3. 黄豆芽应选短的，一定要炒香 4. 加水量不宜多，以鱼片放入后刚刚被水淹过即可，鱼片煮好倒入汤碗中后，有部分鱼片会露在外边

[巩固提高]

　　课后认真记录菜肴制作的详细过程，做好训练笔记，并举一反三地进行类似菜肴的查询和练习。

拓展菜品

紫菜蛋花汤

🧁任务 2　蒸

[任务要求]

　　1. 熟练掌握蒸的烹调方法，并能制作以下实习菜品。

　　2. 运用蒸的方法，拓展制作其他菜品。

1）糯米丸子　★★★

使用原料	猪肥瘦肉 400 克，糯米 200 克，葱 10 克，姜 5 克，鸡蛋 1 个，料酒 10 克，白胡椒粉 1 克，五香粉 2 克，干淀粉 15 克，盐 5 克，味精 2 克，清汤 30 克，枸杞 25 克
菜品图例	
切配流程	糯米在水中浸泡 8 小时，沥干水分备用──→猪肥瘦肉剁成馅──→葱、姜切末
烹制流程	1. 肉馅加葱末、姜末、料酒、盐、味精、鸡蛋、白胡椒粉、五香粉、干淀粉、清汤──→用力朝一个方向搅拌上劲 2. 将肉馅逐一捏成肉丸──→表面粘满泡好的糯米 3. 糯米丸子蒸制 15～20 分钟──→出锅后用枸杞点缀
成菜特点	软、糯、弹、鲜、香
温馨提示	1. 糯米一定要长时间浸泡，这样蒸出的糯米才软糯好吃 2. 肉馅要顺着一个方向用力搅拌才能上劲 3. 如果在肉馅内加入咸鸭蛋黄、火腿或金钩海米，味道会更鲜香，加入荸荠可以使丸子口感脆嫩爽口

[巩固提高]

　　课后认真记录菜肴制作的详细过程，做好训练笔记，并举一反三地进行类似菜肴的查询和练习。

2）蒜蓉粉丝蒸扇贝　★★

使用原料	扇贝 10 只，粉丝 20 克，蒜 30 克，青、红尖椒各 15 克，白胡椒粉 1 克，盐 2 克，料酒 10 克，蒸鱼豉油 10 克，水淀粉 5 克，油 30 克
菜品图例	
切配流程	扇贝取肉，留壳洗净──→粉丝用温水泡软，控干水──→蒜剁成茸，青、红尖椒切粗末
烹制流程	1. 粉丝盘起放入扇贝壳中──→放上扇贝肉 2. 锅中加油──→炒香蒜茸──→加料酒、水、盐、白胡椒粉、蒸鱼豉油烧开──→放青、红尖椒末──→用水淀粉勾芡──→浇在扇贝肉上 3. 大火蒸 3 分钟即可

成菜特点	鲜香美味，蒜香浓郁
温馨提示	粉丝不要泡太软，这样才能吸收扇贝的汤汁

[巩固提高]

课后认真记录菜肴制作的详细过程，做好训练笔记，并举一反三地进行类似菜肴的查询和练习。

3）海鲜蒸蛋 ★★★

使用原料	鸡蛋 5 个，虾仁 10 个，盐 5 克，蒸鱼豉油 20 克，香葱 10 克，油 30 克，保鲜膜
菜品图例	
切配流程	香葱切葱花
烹制流程	1. 鸡蛋打散——▶加入蛋液 1.5 倍的水、盐 3 克搅匀——▶去浮沫，过细筛——▶倒进汤盘——▶封保鲜膜蒸 10 分钟，取出 2. 虾仁加盐 2 克腌制入味，焯水——▶摆在成型的蛋羹上——▶继续蒸 2 分钟取出——▶撒葱花 3. 锅中加油烧热——▶浇在葱花上——▶淋上蒸鱼豉油即可
成菜特点	鲜香嫩滑，口味咸鲜
温馨提示	蒸鸡蛋羹时要封严保鲜膜，否则鸡蛋羹会出现气孔，成蜂窝状；如果不用保鲜膜，则需要用最小的火长时间蒸制

[巩固提高]

课后认真记录菜肴制作的详细过程，做好训练笔记，并举一反三地进行类似菜肴的查询和练习。

4）广式清蒸鱼 ★★

使用原料	鲤鱼 1 条，葱 10 克，姜 5 克，盐 3 克，味精 3 克，料酒 5 克，香菜 3 克，红辣椒 1 个，油 50 克，鱼豉油 100 克，熟油 5 克

菜品图例	
切配流程	鲤鱼去鳞、鳃、内脏，洗净──→在鱼头后部、鱼尾正中间切一小口，去腥线──→从鱼背部开刀，紧贴鱼刺片至中骨──→葱 5 克、姜 2 克、红辣椒切细丝，香菜切寸段──→剩下的葱切段、姜切大片
烹制流程	1. 盘中摆上葱段──→鱼加料酒、盐、味精入味──→放在葱段上──→鱼腹、鱼鳃内放姜片──→浇上放凉的熟油 5 克 2. 旺火蒸制 6～8 分钟──→去葱段、姜片、鱼汤，换盘──→鱼身上摆葱丝、姜丝、香菜段、红辣椒丝 3. 锅中加油 50 克，烧至 5 成热──→浇在香葱丝、姜丝、香菜段、红辣椒丝上──→倒出多余的油──→加鱼豉油──→成菜上桌
成菜特点	肉质鲜嫩爽滑，味道清香
温馨提示	1. 鱼背部开刀时，最好是在鱼右侧开刀，才能使鱼的形状完整好看 2. 蒸制时最好用姜片盖住鱼眼 3. 鱼豉油不要浇在鱼上，要浇在盘子里 4. 注意鱼摆放的位置：左头、右尾、鱼腹朝自己 5. 部分鱼的改刀方法是把鱼片开，去掉大骨

[巩固提高]

　　课后认真记录菜肴制作的详细过程，做好训练笔记，并举一反三地进行类似菜肴的查询和练习。

5）清蒸加吉鱼　★★

使用原料	加吉鱼 1 条（约 750 克），猪肥膘肉 50 克，水发冬菇 25 克，熟金华火腿 50 克，油菜心 50 克，冬笋 25 克，盐 3 克，料酒 15 克，葱 20 克，姜 15 克，清汤 75 克，花椒 5 粒，熟鸡油 10 克
菜品图例	
切配流程	加吉鱼去鳞、鳃、内脏后洗净，在鱼身两面剞上柳叶花刀──→猪肥膘肉、冬笋、水发冬菇、熟金华火腿、姜切片，葱切段

烹制流程	1. 鱼用沸水略烫捞出——→均匀抹上盐 2 克摆入盘中——→分别将肉片、冬菇片、冬笋片、火腿片均匀地摆放在鱼身上——→淋上料酒、清汤 25 克——→撒上葱段、姜片、花椒 2. 将鱼上笼大火蒸 8 ~ 10 分钟取出——→拣去葱段、姜片、花椒 3. 锅中加清汤 50 克烧开——→放入油菜心轻烫捞出摆入盘中 4. 将蒸鱼的原汤滗入锅中——→烧开，加盐 1 克调味——→撇去浮沫——→淋熟鸡油在鱼上
成菜特点	肉质鲜嫩爽滑，味道清香
温馨提示	1. 鱼背部开刀时，最好是在鱼右侧开刀，才能使鱼的形状完整好看 2. 蒸制时最好用姜片盖住鱼眼 3. 鱼豉油不要直接浇在鱼身上，要浇在盘子里 4. 注意鱼摆放的位置：左头、右尾、鱼腹朝自己 5. 部分鱼的改刀方法是把鱼剖开，去掉大骨

[巩固提高]

> 课后认真记录菜肴制作的详细过程，做好训练笔记，并举一反三地进行类似菜肴的查询和练习。

6) 山东蒸丸　★★

使用原料	猪瘦肉 250 克，猪肥肉 100 克，白菜 100 克，葱 10 克，姜 5 克，海米 25 克，水发木耳 25 克，香菜 5 克，鸡蛋 1 个，料酒 10 克，盐 7 克，味精 5 克，胡椒粉 1 克，醋 5 克，香油 2 克，清汤 500 克
菜品图例	
切配流程	海米用水泡开，洗净——→猪瘦肉剁成泥，猪肥肉切成末——→海米、白菜、葱、姜切细末，水发木耳切丝，香菜切末
烹制流程	1. 鸡蛋打散——→摊鸡蛋皮——→切丝 2. 剁好的猪肥、瘦肉加料酒、葱末、姜末、盐 5 克、味精 3 克搅匀，打上劲——→加入海米末、白菜末、木耳丝搅匀——→挤成 10 个丸子，放进蒸盘中——→旺火蒸约 8 分钟——→取出，放入汤盘中 3. 锅中加清汤——→加盐 2 克、味精 2 克、胡椒粉、醋烧开——→撒香菜末、蛋皮丝，淋香油在丸子上即可
成菜特点	肉丸细嫩，质地松软，汤清鲜美，营养丰富，酸辣咸香
温馨提示	锅中调汤时加入蒸丸子的原汤，味道更好

> 课后认真记录菜肴制作的详细过程，做好训练笔记，并举一反三地进行类似菜肴的查询和练习。

7）粉蒸排骨 ★★

使用原料	猪肋排 500 克，大米 250 克，花椒 20 粒，八角 2 个，桂皮 3 克，香叶 2 片，白蔻 2 克，五香粉 2 克，盐 5 克，味精 2 克，料酒 10 克，生抽 30 克，糖 10 克，葱 20 克，姜 10 克，香葱 10 克
菜品图例	
切配流程	猪肋排剁成寸段——→葱切段，姜切大片，香葱切末
烹制流程	1. 猪肋排段放入水中泡出血水，控干水分——→加料酒、葱段、姜片、盐、味精、糖、生抽腌制入味 2. 大米加花椒、八角、桂皮、香叶、白蔻，用小火炒香呈微黄色——→挑出八角、桂皮、香叶、白蔻——→放凉后破成细碎——→加五香粉拌匀制成米粉 3. 猪肋排段用米粉、少量水拌匀——→大火蒸 30 ~ 45 分钟取出——→点缀上香葱末即可
成菜特点	鲜香美味，肥而不腻，软烂入味
温馨提示	如果用成品的蒸肉米粉制作，因为已有一定的滋味，应少放盐

> 课后认真记录菜肴制作的详细过程，做好训练笔记，并举一反三地进行类似菜肴的查询和练习。

8）剁椒鱼头 ★★

使用原料	鳙鱼头 1 个（约 1 000 克），湖南剁椒 150 克，料酒 20 克，盐 2 克，春葱 30 克，姜 20 克，蒜 30 克，糖 5 克，白胡椒粉 3 克，油 75 克
菜品图例	

切配流程	鳙鱼头去鳞，从背部破开至鱼腹不断——→去鱼鳃、黑膜，鱼肉较厚部分的鱼皮上斜划几刀 ——→20 克香葱切段，15 克姜切大片，10 克香葱切葱花，5 克姜切末，蒜切茸
烹制流程	1. 鱼头加料酒、葱段、姜片、盐、白胡椒粉腌制入味 2. 葱段、姜片铺盘底——→摆上鱼头，鱼皮朝上——→抹上少量油 3. 湖南剁椒加糖调匀——→均匀地铺在鱼头上面 4. 大火蒸 15 分钟，焖 3 分钟——→挑出葱段、姜片——→将多余的 2/3 蒸鱼汁倒掉——→撒上 　　蒜茸、姜末、葱花 5. 锅中加油烧至微微冒烟——→淋在鱼头上即可
成菜特点	色泽红亮，味道深厚，肉质细嫩，肥而不腻，口感软糯，鲜辣适口
温馨提示	1. 在腌制好的鱼头上抹上一层油，这样蒸出来的鱼头表面才不会发干 2. 剁椒比较咸，所以在腌制鱼头的时候要少放一些盐

[巩固提高]

　　课后认真记录菜肴制作的详细过程，做好训练笔记，并举一反三地进行类似菜肴的查询和练习。

拓展菜品　　　　蒸八宝饭　　　　梅菜扣肉　　　　蒜蓉蒸竹节虾

任务 3　汆

[任务要求]

　　1. 熟练掌握汆的烹调方法，并能制作以下实习菜品。

　　2. 运用汆的方法，拓展制作其他菜品。

[任务实施]

1）榨菜肉丝汤　★★★

使用原料	榨菜 150 克，猪里脊肉 150 克，葱 5 克，香菜 5 克，盐 5 克，味精 3 克，酱油 5 克，香油 2 克
菜品图例	

续表

切配流程	猪里脊肉切成长 6 厘米、粗 0.2 厘米的丝——→榨菜切成长 4 厘米、粗 0.3 厘米的丝，用水洗去多余的盐分——→葱切丝，香菜切寸段
烹制流程	1. 锅中加水烧开——→放入榨菜丝和肉丝焯水倒出 2. 锅中加水烧开——→放榨菜丝、肉丝、酱油烧开——→撇净浮沫，加盐、味精——→出锅装汤碗——→加葱丝、香菜段，淋香油
成菜特点	菜肴简单，味道鲜美
温馨提示	榨菜丝和肉丝焯水时，先将榨菜丝煮一会再放肉丝

[巩固提高]

> 课后认真记录菜肴制作的详细过程，做好训练笔记，并举一反三地进行类似菜肴的查询和练习。

2）爽口丸子 ★★★

使用原料	猪瘦肉 200 克，鸡蛋（1 个）清，香菜 20 克，海米 20 克，葱 10 克，姜 5 克，料酒 15 克，盐 10 克，味精 5 克，汤 1 000 克，香油 3 克
菜品图例	
切配流程	猪瘦肉、海米剁成末——→葱、姜、香菜切末
烹制流程	1. 将肉末、葱末、姜末、海米末混合加料酒、少量汤、盐 5 克、味精、鸡蛋清调匀，搅打起劲制成内陷 2. 锅中加汤烧开——→把肉馅挤成直径为 1.6 ~ 1.8 厘米的丸子——→放入锅中煮开，撇去浮沫——→加盐 5 克、香菜末——→装汤碗，淋香油成菜
成菜特点	汤清味鲜，丸子软滑鲜嫩、有弹性
温馨提示	1. 肉馅剁完后，用刀背砸一遍，肉质更细腻 2. 调馅时汤不要一次性加入，应分多次少量加入 3. 调馅时自始至终朝一个方向、先轻后重、先慢后快搅打才容易起劲 4. 水开后离火下丸子，等丸子飘起来再上火煮开，丸子才不易碎

[巩固提高]

> 课后认真记录菜肴制作的详细过程，做好训练笔记，并举一反三地进行类似菜肴的查询和练习。

3) 清汤螺片 ★★

使用原料	活海螺 1 000 克，油菜心 20 克，水发木耳 15 克，清汤 1200 克，葱 10 克，姜 10 克，料酒 30 克，盐 10 克
菜品图例	
切配流程	将活海螺的壳敲碎，去壳、内脏，洗净黏液，片成薄片——→油菜心洗净，水发木耳摘小朵
烹制流程	1. 锅里加水，放入葱、姜烧开——→捞出葱、姜，加料酒——→浇在海螺片、油菜心、木耳上，烫一遍——→将海螺片、油菜心、木耳放入汤碗中 2. 锅中加清汤烧开——→加盐调味——→冲入汤碗中
成菜特点	咸鲜清香，海螺肉质脆嫩鲜美
温馨提示	1. 活海螺在初加工时要清洗干净 2. 浇烫海螺片时可以将水略微晾凉一下，防止肉质过老

[巩固提高]

> 课后认真记录菜肴制作的详细过程，做好训练笔记，并举一反三地进行类似菜肴的查询和练习。

[训练过程评价参考标准]

评分内容	标准分	扣分幅度	扣分原因		
味　感	25	1 ~ 15	味型不准 1 ~ 10	主味不浓 1 ~ 5	味重或淡 1 ~ 10
质　感	35	1 ~ 20	主料过火或欠火 1 ~ 10	辅料过火或欠火 1 ~ 10	汁、芡、汤口感不正 1 ~ 5
观　感	25	1 ~ 10	刀工不精 1 ~ 5	色泽、用汁不准 1 ~ 5	成型不美 1 ~ 5
卫生时间	15	1 ~ 10	生熟不分 1 ~ 5	成菜不卫生 1 ~ 5	操作时间超时 1 ~ 5
备　注	1. 凡烹调方法错误或因各种原因造成菜品不能食用的，菜品评定为 0 分 2. 各项扣分总数不超过该项目扣分幅度				

拓展菜品

余西施舌

项目 4　煎、塌

[项目导入]

　　本项目训练的烹调方法是用少量油中小火加热，以保持原料的原汁原味和芳香味的溢出，形成菜肴外表香脆酥松、内里软香嫩滑的特点。应注意掌握火候和勺工的运用，突出此类菜肴独有的特点。

[项目要求]

　　1. 了解煎、塌等烹调方法形成的风味特点。

　　2. 掌握用煎、塌等烹调方法制作菜肴的步骤和要点。

任务准备

　　1. 工作服穿戴整齐。
　　2. 实训用具准备齐全。

任务 1　煎

[任务要求]

　　1. 熟练掌握煎的烹调方法，并能制作以下实习菜品。

　　2. 运用煎的方法，拓展制作其他菜品。

[任务实施]

　　1）煎土豆饼　★★★

使用原料	土豆 500 克，鸡蛋 2 个，面粉 80 克，葱 30 克，盐 5 克，味精 3 克，胡椒粉 1 克，油 60 克
菜品图例	

切配流程	土豆去皮，切成长 5 厘米、粗 0.2 厘米的丝，洗净淀粉控水备用——→葱切葱花
烹制流程	1. 土豆丝加盐、味精、胡椒粉、鸡蛋、葱花、面粉、油 10 克拌匀 2. 锅烧热，加油滑锅倒出——→另加凉油烧至 4 成热——→放入拌好的土豆丝，摊成圆形 ——→两面煎至熟透呈金黄色——→出锅改刀装盘即可
成菜特点	色泽金黄，皮脆，咸香美味
温馨提示	1. 土豆淀粉比较多，一定要洗干净，煎好的土豆饼才比较脆 2. 煎制前要用油滑锅，以免原料粘锅

[巩固提高]

　　课后认真记录菜肴制作的详细过程，做好训练笔记，并举一反三地进行类似菜肴的查询和练习。

2）煎茭瓜饼　★★★

使用原料	茭瓜 400 克，胡萝卜 50 克，鸡蛋 2 个，葱 30 克，盐 5 克，五香粉 3 克，面粉 100 克，油 50 克
菜品图例	
切配流程	茭瓜、胡萝卜切丝——→葱切葱花
烹制流程	1. 茭瓜、胡萝卜丝加盐、鸡蛋、葱花、五香粉、面粉拌匀 2. 锅烧热，加油滑锅倒出——→另加凉油烧至 4 成热——→放入拌好的茭瓜丝，摊成圆形 ——→两面煎至熟透呈金黄色——→出锅改刀装盘即可
成菜特点	色泽金黄，外脆内软，咸鲜美味
温馨提示	1. 不要加水，因茭瓜非常嫩、含水量大，加盐后茭瓜会自然出水 2. 煎制前要用油滑锅，以免原料粘锅

[巩固提高]

　　课后认真记录菜肴制作的详细过程，做好训练笔记，并举一反三地进行类似菜肴的查询和练习。

3）干煎黄花鱼 ★★

使用原料	小黄花鱼 10 条，鸡蛋 1 个，葱 5 克，姜 10 克，干面粉 50 克，料酒 15 克，盐 5 克，味精 3 克，花椒 20 粒，油 100 克
菜品图例	
切配流程	小黄花鱼去鳞、鳃、内脏后洗净──▶葱剖开切段，姜切大片
烹制流程	1. 小黄花鱼加料酒、盐、味精、葱段、姜片、花椒，腌制入味 2. 挑去葱段、姜片、花椒──▶鸡蛋放碗中打散 3. 锅烧热，加油滑锅倒出──▶另加凉油──▶小黄花鱼两面粘干面粉，拖鸡蛋液──▶放入锅中两面煎至熟透呈金黄色──▶倒出控油装盘
成菜特点	外香脆、里软嫩，色泽金黄，口味咸鲜
温馨提示	1. 腌制的时间越长，放盐越少 2. 小黄花鱼粘完干面粉后，可以不用拖鸡蛋液直接煎制，还可以把干面粉换成玉米粉

[巩固提高]

> 　　课后认真记录菜肴制作的详细过程，做好训练笔记，并举一反三地进行类似菜肴的查询和练习。

4）香煎鲳鱼 ★★

使用原料	鲳鱼 300 克，芹菜 20 克，西红柿 50 克，白洋葱 50 克，红辣椒 30 克，葱 20 克，姜 10 克，酱油 20 克，糖 10 克，盐 1 克，料酒 20 克，干淀粉 10 克，油 50 克
菜品图例	
切配流程	鲳鱼去内脏洗净，在鱼的两面剞十字花刀──▶西红柿、白洋葱洗净切丁，芹菜去叶洗净切末，红辣椒洗净去籽切斜片，葱切葱花，姜切片
烹制流程	1. 鲳鱼用酱油、糖、盐、料酒、葱花、姜片、红辣椒片拌匀，腌制 30 分钟取出 2. 锅烧热，加油滑锅倒出──▶另加凉油烧至 4 成热──▶鲳鱼粘一层干淀粉──▶放入锅中，小火两面煎至熟透呈金黄色──▶出锅装盘即可

成菜特点	外香脆、里软嫩，口味咸鲜
温馨提示	干淀粉只粘薄薄的一层，用玉米粉会更香脆

[巩固提高]

> 课后认真记录菜肴制作的详细过程，做好训练笔记，并举一反三地进行类似菜肴的查询和练习。

5）香煎鸡排　★★★

使用原料	鸡腿2个，葱30克，姜10克，料酒10克，盐3克，生抽10克，味精2克，蚝油3克，花椒3克，五香粉3克，白胡椒粉1克，甜辣汁50克，干淀粉3克，油50克
菜品图例	
切配流程	鸡腿剔骨，在鸡肉上剞十字花刀——→葱切段，姜切片
烹制流程	1. 鸡腿肉加葱段、姜片、所有调料、干淀粉拌匀，腌制入味 2. 锅烧热，加油滑锅倒出——→另加凉油烧至4成热——→放入鸡腿肉——→两面煎至熟透呈金黄色——→出锅装盘，配甜辣汁即可
成菜特点	外焦里嫩，色泽金黄，香浓美味
温馨提示	1. 在鸡肉上剞十字花刀，便于入味 2. 腌制时加少量干淀粉，煎制后更易形成脆壳，而且能锁住鸡肉的汁水

[巩固提高]

> 课后认真记录菜肴制作的详细过程，做好训练笔记，并举一反三地进行类似菜肴的查询和练习。

拓展菜品

香煎牛仔骨

苦瓜煎蛋饼

🧁 任务 2   塌

[任务要求]

1. 熟练掌握塌的烹调方法，并能制作以下实习菜品。
2. 运用塌的方法，拓展制作其他菜品。

[任务实施]

1）锅塌豆腐   ★★★

使用原料	豆腐400克，鸡蛋1个，葱10克，姜5克，香菜5克，料酒15克，盐5克，味精5克，酱油3克，糖5克，胡椒粉1克，干淀粉50克，汤100克，香油2克，油60克
菜品图例	
切配流程	豆腐切成长4厘米、宽3厘米、厚0.6厘米的片——→取少量葱、姜切末，剩下葱姜切丝——→香菜切寸段——→鸡蛋打散成鸡蛋液
烹制流程	1. 豆腐加盐3克、味精3克、胡椒粉、料酒5克、葱末、姜末，腌制入味 2. 豆腐去掉葱末、姜末——→拍干淀粉、拖鸡蛋液，在平盘内（平盘提前用10克油抹匀）摆成正方形 3. 锅烧热，加油滑锅倒出——→另加油50克，烧至3成热——→推入豆腐，小火煎至两面金黄，倒出 4. 锅中留底油15克——→炒香葱丝、姜丝——→烹入料酒10克，加汤、酱油、糖、盐2克，烧制入味——→剩少量汤汁时，加味精2克、香菜段，淋香油——→装盘即可
成菜特点	色泽金黄，咸鲜醇香，形状完整
温馨提示	1. 盘中先抹一层油再摆入豆腐，这样推入锅里时容易些 2. 滑好锅后，锅中油量要少，推入豆腐后再顺锅边加少量油煎制 3. 豆腐翻锅前先把多余的油倒出，避免烫伤

[巩固提高]

> 课后认真记录菜肴制作的详细过程，做好训练笔记，并举一反三地进行类似菜肴的查询和练习。

2）锅塌蒲菜 ★★

使用原料	蒲菜 200 克，鸡蛋黄 50 克，黄瓜皮 5 克，火腿 10 克，葱 5 克，姜 2 克，料酒 5 克，盐 5 克，糖 5 克，味精 2 克，淀粉 10 克，面粉 3 克，香油 2 克，熟猪油 50 克
菜品图例	
切配流程	蒲菜去外部老皮，切去根后洗净，切成长 4.5 厘米的段 —→ 葱、姜、黄瓜皮、火腿切丝
烹制流程	1. 蒲菜段焯水，加盐 2 克、料酒 2 克、味精 1 克搅匀，腌制入味 2. 鸡蛋黄、淀粉、面粉调成蛋黄糊 3. 蒲菜段粘上面粉 —→ 放入蛋黄糊中抓匀 —→ 整齐地摆在盘子里 —→ 余糊倒在上面 4. 锅中加熟猪油烧热 —→ 将蒲菜段整齐地推入锅内 —→ 煎至两面金黄 —→ 放入葱、姜丝 —→ 加料酒 3 克、盐 3 克、糖、味精 1 克、水略烧 —→ 撒上黄瓜皮丝、火腿丝用小火收干汤汁，淋香油 —→ 出锅改刀装盘
成菜特点	色泽金黄，香气扑鼻
温馨提示	1. 蒲菜洗净后，用刀稍拍，使其松散，容易入味 2. 大翻勺时，先将油控出，避免油溅出烫伤

[巩固提高]

　　课后认真记录菜肴制作的详细过程，做好训练笔记，并举一反三地进行类似菜肴的查询和练习。

3）锅塌茄盒 ★★★

使用原料	茄子 2 个，猪肉末 150 克，鸡蛋 1 个，葱 5 克，姜 5 克，香菜 10 克，料酒 10 克，盐 5 克，糖 5 克，味精 2 克，香油 15 克，花椒面 2 克，干面粉 50 克，油 50 克
菜品图例	
切配流程	茄子切成厚 0.5 厘米的片 —→ 葱、姜、香菜切末 —→ 鸡蛋打散成鸡蛋液
烹制流程	1. 猪肉末加葱末、姜末、料酒、盐 2 克、味精、花椒面、香油 10 克搅拌均匀制成肉馅 2. 茄子粘上一层干面粉 —→ 中间夹上肉馅制成茄盒 3. 锅中加油烧热 —→ 茄盒裹匀鸡蛋液 —→ 放入锅中煎至两面金黄 —→ 加水、糖、盐 3 克 —→ 小火塌透 —→ 淋香油 5 克，收汁 —→ 出锅装盘，撒香菜末

续表

成菜特点	色泽金黄，鲜嫩不腻，味美可口
温馨提示	1. 茄子要选较粗的才容易夹馅，但馅不要夹得太厚 2. 茄子先粘干面粉，再放肉馅，两者易于结合，煎时不易散

[巩固提高]

课后认真记录菜肴制作的详细过程，做好训练笔记，并举一反三地进行类似菜肴的查询和练习。

4) 锅塌白菜盒 ★★★

使用原料	大白菜叶 200 克，猪肉末 200 克，荸荠 50 克，香葱 15 克，鸡蛋 2 个，葱 20 克，姜 10 克，五香粉 3 克，盐 2 克，味精 2 克，胡椒粉 1 克，糖 3 克，料酒 15 克，酱油 10 克，蚝油 20 克，香油 5 克，干面粉 50 克，油 75 克
菜品图例	
切配流程	荸荠切粒，葱、姜切末，香葱切葱花 ——→ 鸡蛋打散成鸡蛋液
烹制流程	1. 猪肉末加葱末、姜末、五香粉、盐、味精、胡椒粉、料酒 5 克、酱油 5 克、蚝油、香油 2 克拌匀，搅打上劲 ——→ 放入荸荠粒，再次搅拌均匀制成肉馅 2. 大白菜叶在开水中焯烫软合 ——→ 捞出过凉，沥干水分 ——→ 平铺在案板上，放肉馅包裹成白菜盒 3. 锅中加油烧热 ——→ 白菜盒均匀地粘一层干面粉 ——→ 然后裹上鸡蛋液 ——→ 在锅中码放整齐 ——→ 两面煎至金黄 ——→ 放料酒 10 克、水、酱油 5 克、蚝油、糖 ——→ 用微火烧 3 分钟 ——→ 淋香油 3 克，旺火收干汁 ——→ 出锅码盘，撒香葱花
成菜特点	色泽金黄，气味浓香，味道鲜美
温馨提示	1. 猪肉末选择瘦一些的，如果没有荸荠可用鲜藕代替 2. 大白菜叶选择新鲜的，焯水后比较柔软，在包馅时也不易断裂，尽量把肉馅包裹得紧一些

[巩固提高]

课后认真记录菜肴制作的详细过程，做好训练笔记，并举一反三地进行类似菜肴的查询和练习。

5）锅塌里脊片　★★★

使用原料	猪里脊肉 200 克，盐 2 克，酱油 5 克，料酒 10 克，味精 2 克，清汤 50 克，鸡蛋 1 个，湿淀粉 50 克，面粉 20 克，葱 3 克，姜 2 克，香油 5 克，油 50 克
菜品图例	
切配流程	猪里脊肉切成长 6.5 厘米、宽 2 厘米、厚 0.3 厘米的片——→葱、姜切末
烹制流程	1. 肉片加盐、料酒 5 克、味精 1 克，腌制入味——→再加入鸡蛋、湿淀粉、面粉拌匀 2. 将清汤、酱油、料酒 5 克、味精 1 克放进碗内兑成汁 3. 锅中加油烧热——→将肉片摆入锅中煎至两面金黄——→加葱、姜末——→倒入兑好的汁——→小火收干汤汁，淋香油——→出锅装盘
成菜特点	色泽金黄，外软里嫩，咸鲜适口
温馨提示	1. 肉片要先腌制后再挂糊 2. 煎制和塌制时火力不要太大，避免煳锅

[巩固提高]

> 　课后认真记录菜肴制作的详细过程，做好训练笔记，并举一反三地进行类似菜肴的查询和练习。

6）锅塌鱼扇　★★

使用原料	鱼肉 400 克，香菜 5 克，葱 5 克，姜 5 克，鸡蛋 1 个，料酒 15 克，盐 5 克，味精 5 克，清汤 100 克，白胡椒粉 1 克，酱油 5 克，糖 5 克，香油 2 克，干淀粉 100 克，油 75 克
菜品图例	
切配流程	将鱼肉去刺修整好，剞上宽 1 厘米的十字花刀——→葱、姜切丝，香菜切寸段
烹制流程	1. 鱼肉加盐 3 克、味精 3 克、白胡椒粉、料酒 5 克，腌制入味 2. 将干淀粉 20 克、鸡蛋、适量水调成全蛋糊 3. 锅烧热，加油滑锅倒出——→另加凉油烧至 3 成热——→将鱼肉沾干淀粉 80 克，均匀裹上全蛋糊——→放入锅中煎至两面金黄，倒出 4. 锅中留底油 15 克——→炒香葱、姜丝——→烹入料酒 10 克，加清汤、盐 2 克、味精 2 克、酱油，糖，烧制入味——→剩少量汤汁时加香菜段，淋香油——→装盘即可

续表

成菜特点	软嫩鲜美，色泽金黄
温馨提示	1. 鱼肉剞花刀便于入味 2. 煎鱼肉时一定要用小火慢慢煎制，并经常晃锅，调整鱼肉在锅中的位置，保证颜色均匀、美观、不煳底

[巩固提高]

　　课后认真记录菜肴制作的详细过程，做好训练笔记，并举一反三地进行类似菜肴的查询和练习。

[训练过程评价参考标准]

评分内容	标准分	扣分幅度	扣分原因		
味　感	35	1～20	味型不准 1～10	主味不浓 1～10	味重或淡 1～10
质　感	25	1～15	主料过火或欠火 1～10	表面不焦香 1～10	口感不正 1～5
观　感	25	1～15	刀工不精 1～5	色泽、用汁不准 1～10	成型不美 1～10
卫生时间	15	1～10	生熟不分 1～5	成菜不卫生 1～5	操作时间超时 1～5
备　注	1. 凡烹调方法错误或因各种原因造成菜品不能食用的，菜品评定为 0 分 2. 各项扣分总数不超过该项目扣分幅度				

项目 5　焖、烤、燶

[项目导入]

　　火在人类发展进步的过程中占有重要地位。随着对火的熟悉和运用，人类逐步摆脱野蛮社会步入文明社会。经过漫长的岁月，火在当今社会中仍然起着重要的作用，餐

饮行业更是如此，特别是一些直接用火烘烤的美食，使人垂涎。

[项目要求]

1. 了解焗、烤、燖等烹调方法形成的风味特点。
2. 掌握用焗、烤、燖等烹调方法制作菜肴的步骤和要点。

1. 工作服穿戴整齐。
2. 实训用具准备齐全。

任务 1　焗

[任务要求]

1. 熟练掌握焗的烹调方法，并能制作以下实习菜品。
2. 运用焗的方法，拓展制作其他菜品。

[任务实施]

1) 盐焗虾　★★

使用原料	虾 12 只，粗盐 3 000 克，葱 25 克，花椒 10 克，深底瓦煲 1 个
菜品图例	
切配流程	虾剪去虾须，洗净 —→ 葱切段
烹制流程	1. 粗盐和花椒下锅，用中火炒出香味 2. 将 1/3 的粗盐倒入深底瓦煲中 —→ 放入虾、葱段 —→ 倒入剩余的粗盐，把虾完全覆盖住 —→ 盖上盖 —→ 小火焗 3 分钟 —→ 关火焖 5 分钟 —→ 用托盘托住上桌
成菜特点	盐焗风味浓郁，虾肉干香爽口
温馨提示	1. 虾下锅前用厨房纸巾或者干净的布把虾表面水分拭干，否则下锅后，水分会让盐融化，成品就会太咸 2. 虾不要在锅中焖太久，否则虾中水分蒸发，虾肉太干，虾壳会黏在虾肉上很难剥 3. 粗盐的用量一定要大，把虾全部覆盖住，烹调完之后，将锅底变成黑色的粗盐刮去，白色的粗盐可以留着下次使用

[巩固提高]

课后认真记录菜肴制作的详细过程，做好训练笔记，并举一反三地进行类似菜肴的查询和练习。

2）葡汁焗时蔬 ★★

使用原料	西兰花 100 克，白菜花 100 克，荷兰豆 50 克，鲜口蘑 30 克，胡萝卜 30 克，蒜 15 克，椰浆 100 克，牛奶 50 克，黄姜粉 5 克，咖喱粉 10 克，盐 3 克，糖 5 克，鸡粉 5 克，面粉 25 克，牛油 30 克，油 30 克
菜品图例	
切配流程	西兰花、白菜花分成小朵，荷兰豆切段，鲜口蘑切片，胡萝卜切片──→蒜切末
烹制流程	1. 西兰花、白菜花、荷兰豆段、鲜口蘑片、胡萝卜片焯水──→用油、蒜末、盐 2 克略炒备用 2. 将椰浆、牛奶，黄姜粉、咖喱粉、盐 1 克、糖、鸡粉调成汁 3. 锅中加牛油，小火融化──→放面粉炒香──→慢慢加入调好的汁──→不停搅动，调成糊状的葡汁 4. 将一半的葡汁和蔬菜混合拌匀，平铺在盘里──→再淋上另一半葡汁 5. 烤箱上火 200 ℃、下火 120 ℃──→烤至表皮略焦黄取出即可
成菜特点	色泽金黄，香气浓郁，葡汁嫩滑
温馨提示	1. 炒面粉时用小火，避免炒煳 2. 加入葡汁时慢慢少量加入，才能调成糊状且没有疙瘩

[巩固提高]

课后认真记录菜肴制作的详细过程，做好训练笔记，并举一反三地进行类似菜肴的查询和练习。

3）芝士焗生蚝 ★★

使用原料	新鲜生蚝 10 只，培根 25 克，洋葱 30 克，蒜 30 克，鲜奶油 200 克，盐 3 克，白胡椒粉 1 克，面粉 10 克，牛油 30 克

菜品图例	
切配流程	新鲜生蚝开盖后洗刷干净 ——→ 培根、洋葱、蒜切末
烹制流程	1. 开盖后的生蚝用开水浇烫，滤干水分待用 2. 锅中加牛油，小火融化 ——→ 炒香培根末、洋葱末、蒜末 ——→ 加入鲜奶油、盐、白胡椒粉、面粉，煮成浓汁 ——→ 浇在生蚝上 3. 烤箱预热200 ℃ ——→ 把生蚝放入烤箱 ——→ 烤至上色即可
成菜特点	生蚝肥嫩新鲜，佐以香浓汁液的浸透，口感更为浓郁鲜美
温馨提示	生蚝只能用开水浇烫一下，不能煮，以免影响火候

[巩固提高]

课后认真记录菜肴制作的详细过程，做好训练笔记，并举一反三地进行类似菜肴的查询和练习。

4）盐焗鸡　★★

使用原料	小公鸡1只（约800克），粗盐5 000克，葱25克，姜10克，盐焗鸡粉30克，八角1个，沙姜粉5克，味精5克，糖10克，料酒10克，熟猪油30克，盐焗鸡纸3张，深底瓦煲1个
菜品图例	
切配流程	小公鸡去内脏，洗净 ——→ 葱切段，姜切片
烹制流程	1. 将盐焗鸡粉、沙姜粉、味精、糖、料酒混合 ——→ 在小公鸡里外涂抹均匀，剩下的腌料抹入鸡腹内 ——→ 再放入葱段、姜片、八角 ——→ 晾至半干 2. 用盐焗鸡纸把晾好的小公鸡包起来，在第一、第二张纸上抹熟猪油，第三张纸不抹油 3. 粗盐炒热 ——→ 1/3倒入深底瓦煲中 ——→ 放入包好的小公鸡 ——→ 倒入剩余的粗盐，把小公鸡完全覆盖住 ——→ 盖上盖 ——→ 小火焗20分钟 ——→ 关火焖20分钟取出即可
成菜特点	味香浓郁，皮爽肉滑，色泽微黄，皮脆肉嫩，骨肉鲜香

温馨提示	1. 小公鸡选用项鸡最好，三黄鸡也可以，要选用肉质嫩滑、皮脆骨软的 2. 粗盐的用量一定要大，把鸡全部覆盖住，烹调完之后，将锅底变成黑色的粗盐刮去，白色的粗盐可以留着下次使用 3. 瓦煲底部的粗盐，要高于两指高度，铺得太浅的话，会将盐焗鸡纸烧焦，鸡肉会发黑难吃

[巩固提高]

> 课后认真记录菜肴制作的详细过程，做好训练笔记，并举一反三地进行类似菜肴的查询和练习。

拓展菜品

叫花鸡

任务 2　烤

[任务要求]

1. 熟练掌握烤的烹调方法，并能制作以下实习菜品。
2. 运用烤的方法，拓展制作其他菜品。

[任务实施]

1）烤羊肉串　★

使用原料	羊肉 500 克，孜然粉 15 克，辣椒粉 20 克，盐 15 克，味精 10 克，熟油 20 克，木炭适量，竹签 20 根，炭烤串炉 1 个
菜品图例	
切配流程	羊肉洗净，切成手指粗细、长 3 厘米的段——➤把羊肉均匀地串在竹签上
烹制流程	1. 将木炭在炭烤串炉中点火引燃，烧红 2. 羊肉串放在炭火上——➤烤变色——➤翻面，刷熟油，撒盐——➤翻面，刷熟油，撒盐——➤翻面，撒味精、辣椒粉、孜然粉——➤翻面，撒味精、辣椒粉、孜然粉——➤烤香、烤熟即可（调料的用量适当即可）

成菜特点	香辣可口，唇齿留香
温馨提示	1. 肉串烤时摆得密一点，可防止转动 2. 羊肉适用肥瘦相间的烤完更香

[巩固提高]

课后认真记录菜肴制作的详细过程，做好训练笔记，并举一反三地进行类似菜肴的查询和练习。

2) 烤五香带鱼 ★★

使用原料	带鱼 600 克，葱 30 克，姜 15 克，香油 5 克，五香粉 5 克，辣椒粉 5 克，味精 3 克，盐 3 克，料酒 20 克，生抽 20 克，糖 10 克，锡纸 1 张
菜品图例	
切配流程	带鱼去内脏，洗净，两面剖宽 0.8 厘米的斜一字刀纹，剁成长 8 厘米的段 ——→ 葱切段，姜切片
烹制流程	1. 带鱼加葱段、姜片、五香粉、辣椒粉、盐、味精、料酒、糖、生抽腌制 10 分钟 ——→ 放进铺好锡纸的烤盘中 2. 烤箱预热 180 ℃ ——→ 带鱼两面各烤 6 分钟 ——→ 取出刷香油装盘
成菜特点	色泽暗红，香气四溢，口感酥脆
温馨提示	带鱼单层码放，烤盘中要铺锡纸

[巩固提高]

课后认真记录菜肴制作的详细过程，做好训练笔记，并举一反三地进行类似菜肴的查询。

3) 蜜汁叉烧 ★★

使用原料	梅花肉（颈背肉）500 克，生抽 30 克，红腐乳 30 克，料酒 30 克，糖 90 克，五香粉 5 克，蒜 20 克，蚝油 30 克，香油 5 克，红糟或红腐乳汁 30 克，糖浆 60 克

续表

菜品图例	
切配流程	梅花肉洗净擦干水分，切成厚度为 2 ~ 3 厘米的长条，用排针扎孔——→蒜剁成茸
烹制流程	1. 生抽、红腐乳、糖、五香粉、蒜茸、料酒、蚝油、香油、红糟或红腐乳汁全部倒入碗里——→混合搅拌均匀，调成叉烧酱 2. 梅花肉条放入叉烧酱中，充分拌匀——→腌制 1 天 3. 用叉烧环将梅花肉条逐条穿起——→挂在预热的烤炉内烤 20 分钟——→取出淋上糖浆 20 克——→再烤 15 分钟——→取出淋上糖浆 20 克——→最后烤 5 分钟——→取出淋上糖浆 20 克——→挂起
成菜特点	色泽红亮，口味香甜
温馨提示	1. 梅花肉条腌制过程中需要翻动一次 2. 烤制时，要在表面刷糖浆，这样可以使烤好的叉烧肉表面裹上一层蜜汁，也可以减少肉里水分的流失

[巩固提高]

> 课后认真记录菜肴制作的详细过程，做好训练笔记，并举一反三地进行类似菜肴的查询。

4) 烤羊腿 ★

使用原料	羊腿 1 只（约 1 500 克），洋葱 100 克，蒜 20 克，番茄酱 50 克，桂皮粉 3 克，八角粉 3 克，孜然 10 克，小茴香 5 克，香叶 2 克，五香粉 5 克，料酒 30 克，盐 5 克，生抽 30 克，辣椒粉 10 克，蜂蜜 10 克，面粉 50 克，香油 5 克，油 50 克
菜品图例	
切配流程	羊腿两面先用铁签均匀扎满小孔，用清水泡上 1 ~ 2 小时（去血水），控净水——→洋葱、蒜、香叶切碎末
烹制流程	1. 孜然、小茴香先在锅里烘出香味——→用擀面杖碾碎 2. 将洋葱末、蒜末、香叶末、辣椒粉、蜂蜜、孜然碎、小茴香碎、桂皮粉、五香粉、八角粉、香油、料酒、盐、生抽、番茄酱、面粉、油调成糊——→稍微放置一会儿 3. 将调好的糊均匀地涂抹在羊腿上——→腌制 2 小时 4. 烤炉 180 ~ 200 ℃——→烤 90 分钟左右

成菜特点	颜色褐红，外焦里嫩，肉质酥烂，味道香醇
温馨提示	1. 羊腿上多余的肥肉要切去 2. 最好采用焖炉烤制，中间翻一次面

[巩固提高]

> 课后认真记录菜肴制作的详细过程，做好训练笔记，并举一反三地进行类似菜肴的查询。

5) 北京烤鸭 ★

使用原料	北京填鸭 1 只（1 500 ~ 2 000 克），麦芽糖 50 克，甜面酱 100 克，葱 100 克，香油 15 克，黄瓜 200 克，青萝卜 200 克，荷叶饼 20 张，鸭钩 1 个，木塞 1 个，鸭撑 1 根
菜品图例	
切配流程	将北京填鸭去内脏、鸭舌、脚掌、翅尖，洗净 ──→ 用熟食刀板将葱切丝，黄瓜、青萝卜切条，分别装小碟
烹制流程	1. 将麦芽糖和清水按 1：6 的比例调成糖汁 2. 从鸭喉管刀口向鸭胸腹腔打气，使气充满鸭身各部位 ──→ 用鸭钩从离鸭肩约 3 厘米的鸭颈处穿透勾住 ──→ 用鸭撑撑起鸭的前胸后背 3. 锅中加水烧开 ──→ 用沸水浇淋鸭的全身，使鸭皮收紧 ──→ 再以糖汁浇淋鸭身 3 ~ 4 次 ──→ 控去鸭腔内的水 ──→ 置于阴凉通风处晾干鸭皮 4. 用木塞塞住鸭的肛门 ──→ 从右腋刀口处往鸭胸腔灌入沸水至 7 分满 5. 烤炉 250 ℃左右 ──→ 先烤皮上色 ──→ 再在炉内烤制 35 ~ 40 分钟即可全熟 ──→ 趁热刷一层香油 ──→ 跟甜面酱、葱丝、黄瓜条、青萝卜条、荷叶饼一起上桌 ──→ 现场片制
成菜特点	色泽金黄，外皮酥脆，香味浓郁
温馨提示	1. 晾鸭坯时要避免阳光直晒，也不要用高强度的灯照射 2. 晾鸭坯一般在春秋季需 24 小时、夏季需 4 ~ 6 小时 3. 鸭腿肉厚，不易熟，要多烤一些时间

[巩固提高]

> 课后认真记录菜肴制作的详细过程，做好训练笔记，并举一反三地进行类似菜肴的查询。

拓展菜品　　香菇烤鸡　　果木烤牛扒

任务3　爊

[任务要求]

　　1.熟练掌握爊的烹调方法，并能制作以下实习菜品。
　　2.运用爊的方法，拓展制作其他菜品。

[任务实施]

　　1）爊香菇　★★

使用原料	香菇 300 克，葱 10 克，姜 5 克，料酒 5 克，糖 30 克，酱油 25 克，油 30 克，香油 2 克
菜品图例	
切配流程	香菇剪去过长的菇柄后泡水，泡香菇的水留用——→葱切段，姜切大片
烹制流程	锅内加油烧热——→炒香葱段、姜片——→放入发好的香菇翻炒——→放料酒、酱油、糖调味——→加入泡香菇的水——→烧开后用小火煨至入味——→转大火收干汤汁，淋香油——→出锅
成菜特点	味道香甜醇厚，色泽黑亮
温馨提示	加泡香菇的水时，不要将水中的杂质倒入

[巩固提高]

　　课后认真记录菜肴制作的详细过程，做好训练笔记，并举一反三地进行类似菜肴的查询和练习。

2）熸大虾　★★

使用原料	对虾 8 只（约 400 克），葱 10 克，姜 5 克，料酒 5 克，糖 80 克，盐 1 克，清汤 100 克，油 25 克，香油 2 克
菜品图例	
切配流程	将对虾剪去眼睛、须、枪，去爪和尾尖，背部开口，去除砂包和虾线——→葱切段，姜切大片
烹制流程	锅内加油烧热——→炒香葱段、姜片——→放入对虾两面略煎——→加入料酒、清汤、盐、糖——→用旺火烧开——→改用小火煨至入味，汤汁变浓——→捡出葱段、姜片，淋香油——→装盘——→余汁浇到对虾上即可
成菜特点	色泽红润光亮，口味甜香
温馨提示	煎对虾时，用手勺轻压虾头使虾脑流出，成品颜色更好

[巩固提高]

　　课后认真记录菜肴制作的详细过程，做好训练笔记，并举一反三地进行类似菜肴的查询和练习。

3）糖醋排骨　★★

使用原料	猪肋排 500 克，熟芝麻 5 克，春葱 20 克，蒜 10 克，姜 10 克，料酒 10 克，冰糖（或白糖）100 克，镇江香醋 50 克，香油 2 克，盐 3 克，酱油 30 克，油 1500 克
菜品图例	
切配流程	猪肋排洗净剁成小段（排骨）——→姜、蒜切片，春葱切末
烹制流程	1. 排骨用料酒、酱油 15 克、盐 2 克、姜片腌制入味 2. 锅内加油——→烧至 5 成热——→将排骨炸至表面呈金黄色——→捞起沥油 3. 锅内留底油——→放入姜片、蒜片、排骨同炒——→加温水没过排骨，放盐 1 克、酱油 15 克、冰糖（或白糖），大火烧开——→改小火焖煮 10 分钟——→加镇江香醋，大火收汁——→撒春葱末、熟芝麻，淋香油——→出锅

成菜特点	酸甜可口，肉质鲜嫩，色泽红亮油润
温馨提示	一定要加温水，而不是冷水，以免肉质收缩而煮不烂，而且排骨的味道会不香，口感发硬

[巩固提高]

　　课后认真记录菜肴制作的详细过程，做好训练笔记，并举一反三地进行类似菜肴的查询和练习。

[训练过程评价参考标准]

评分内容	标准分	扣分幅度	扣分原因		
味　感	35	1～20	味型不准 1～10	主味不浓 1～10	味重或淡 1～5
质　感	30	1～20	主料过火或欠火 1～10	表面不焦香 1～10	口感不正 1～5
观　感	25	1～15	刀工不精 1～5	色泽不准 1～10	成型不美 1～5
卫生时间	10	1～8	生熟不分 1～5	成菜不卫生 1～5	操作时间超时 1～5
备　注	1. 凡烹调方法错误或因各种原因造成菜品不能食用的，菜品评定为0分 2. 各项扣分总数不超过该项目扣分幅度				

项目6　拔丝、挂霜、蜜汁

[项目导入]

　　在宴席中，甜菜是不可缺少的菜品，占有重要的地位。拔丝、挂霜、蜜汁3种烹调方法属于制作纯甜菜的技法，火候的掌握难度较高，应加强训练。

[项目要求]

　　1. 了解拔丝、挂霜、蜜汁等烹调方法所形成的风味特点。

　　2. 掌握用拔丝、挂霜、蜜汁等烹调方法制作菜肴的步骤和要点。

1. 工作服穿戴整齐。
2. 实训用具准备齐全。

任务 1　拔丝

[任务要求]

1. 熟练掌握拔丝的烹调方法，并能制作以下实习菜品。
2. 运用拔丝的方法，拓展制作其他菜品。

[任务实施]

1）拔丝地瓜　★★★

使用原料	地瓜 400 克，糖 200 克，油 1 000 克，凉开水、香油适量
菜品图例	
切配流程	地瓜去皮，切成大小均匀的滚料块
烹制流程	1. 锅中加油烧至 4 成热 ——→ 放入地瓜块炸熟呈金黄色时倒出 2. 锅洗净 ——→ 加水、糖 ——→ 小火将糖熬至出丝 ——→ 放入地瓜块快速翻匀 ——→ 出锅，装在抹过香油的盘中，配凉开水快速上桌
成菜特点	色泽金黄，牵丝不断，外脆内软，香甜可口
温馨提示	1. 地瓜切滚料块时尽可能切得薄一些，大小一致 2. 因为地瓜含有较多糖分，所以炸制时应温油下锅，升温要慢，油温不可过高 3. 熬糖时用小火，掌握好火候，避免煳锅，注意糖汁气泡大小的变化 4. 熬糖有水熬、油熬、水油熬、油底沉浆 4 种方法

[巩固提高]

　　课后认真记录菜肴制作的详细过程，做好训练笔记，并举一反三地进行类似菜肴的查询和练习。

2）拔丝苹果 ★★★

使用原料	苹果3个，糖200克，油1 000克，湿淀粉100克，干淀粉20克，凉开水、香油适量
菜品图例	
切配流程	苹果去皮、核，切成大小均匀的块
烹制流程	1. 锅中加油烧5成热——→苹果块沾一层干淀粉，均匀裹上湿淀粉，下油锅炸至表面起壳时倒出 2. 锅洗净——→加水、糖——→小火将糖熬至出丝——→放入苹果块快速翻匀，使糖液均匀地裹在苹果块上——→出锅，装在抹过香油的盘中，配凉开水快速上桌
成菜特点	色泽金黄，牵丝不断，外脆内软，香甜可口
温馨提示	1. 苹果切完要泡淡盐水，防止变色，从盐水中捞出后需蘸干水分 2. 苹果块要用大火、短时间炸制，炸制时间长了会发酸

[巩固提高]

> 课后认真记录菜肴制作的详细过程，做好训练笔记，并举一反三地进行类似菜肴的查询和练习。

3）拔丝香蕉 ★★★

使用原料	香蕉500克，糖150克，鸡蛋清30克，湿淀粉50克，干淀粉25克，桂花酱2.5克，油1 000克，凉开水、香油适量
菜品图例	
切配流程	香蕉去皮，切成小段
烹制流程	1. 鸡蛋清、湿淀粉搅匀调成糊 2. 锅中加油烧至6成热——→将香蕉段粘一层干淀粉，均匀裹上糊，放入油锅中炸至金黄色时捞出 3. 锅中留底油15克——→放糖——→炒至金黄色能拉丝——→倒入炸好的香蕉段、桂花酱离火翻匀，使糖液均匀地裹在香蕉段上——→出锅，装在抹过香油的盘中，配凉开水快速上桌

成菜特点	色泽金黄，拉丝细长，外酥脆香甜，内软嫩爽滑
温馨提示	1. 香蕉要用现切，避免变色 2. 炸制时油温可略高一些，要用旺火、短时间炸制

[巩固提高]

课后认真记录菜肴制作的详细过程，做好训练笔记，并举一反三地进行类似菜肴的查询和练习。

4）拔丝元宵　★★

使用原料	元宵 24 个（约 500 克），糖 100 克，油 1 000 克，凉开水、香油适量
菜品图例	
烹制流程	1. 锅内加油烧至 5 成热 ——→ 放入元宵 ——→ 炸至金黄色时捞出 2. 锅中留底油 15 克 ——→ 放糖 ——→ 炒至金黄色能拉丝 ——→ 迅速倒入炸好的元宵离火翻匀，使糖液均匀地裹在元宵上 ——→ 出锅，装在抹过香油的碗中，配凉开水快速上桌
成菜特点	色泽金黄，外脆里软，香甜可口
温馨提示	炸制元宵时要用小火，边炸边搅动，并用漏勺不断地轻轻拍打元宵，以免元宵爆裂、热油飞溅烫伤

[巩固提高]

课后认真记录菜肴制作的详细过程，做好训练笔记，并举一反三地进行类似菜肴的查询和练习。

拓展菜品

琥珀核桃

🧁 任务2 挂霜

[任务要求]

1.熟练掌握挂霜的烹调方法，并能制作以下实习菜品。

2.运用挂霜的方法，拓展制作其他菜品。

[任务实施]

1）挂霜花生 ★★★

使用原料	花生 150 克，糖 250 克，油 500 克
菜品图例	
烹制流程	1.锅中加油——▶放入花生用小火炸至9成熟，倒出 2.锅洗净——▶加水、糖——▶小火将糖熬至挂霜（糖汁变成均匀细密的小泡，没有水蒸气）——▶放入花生翻裹均匀——▶晾凉一些，推出装盘
成菜特点	色泽洁白，甜香酥脆
温馨提示	1.炸花生时要凉油下锅，火要小，慢慢升油温，预留成熟度 2.熬糖前刷净锅，用小火慢慢把水分熬干，使糖汁保持洁白不上色 3.推花生时先翻匀，晾凉一些再推，避免把霜碰掉

[巩固提高]

　　课后认真记录菜肴制作的详细过程，做好训练笔记，并举一反三地进行类似菜肴的查询和练习。

2）挂霜腰果 ★★

使用原料	腰果 300 克，糖 250 克，油 500 克
菜品图例	

烹制流程	1. 锅中加油烧至3成热 —→放入腰果小火炸熟，倒出 2. 锅洗净 —→加水、糖 —→小火将糖熬至挂霜（糖汁变成均匀细密的小泡，没有水蒸气） —→放入腰果翻裹均匀 —→晾凉一些，推出装盘
成菜特点	色泽洁白，甜香酥脆
温馨提示	1. 腰果可以先用热盐水泡一下再炸，带点咸味更好吃 2. 炸腰果时要凉油下锅，火要小，慢慢升油温，使腰果颜色尽量浅 3. 熬糖前刷净锅，用小火慢慢把水分熬干，使糖汁保持洁白不上色 4. 推腰果时先翻匀，晾凉一些再推，避免把霜碰掉

[巩固提高]

> 课后认真记录菜肴制作的详细过程，做好训练笔记，并举一反三地进行类似菜肴的查询和练习。

3）挂霜丸子　★★

使用原料	熟猪肥膘肉500克，面粉90克，鸡蛋黄30克，糖250克，油750克
菜品图例	
切配流程	熟猪肥膘肉切成边长0.3厘米的方丁
烹制流程	1. 熟猪肥膘肉加鸡蛋黄、面粉、水（70克）调成肉馅 2. 锅中加油烧至5成热 —→将调好的肉馅挤成直径为2.5厘米的丸子放入油锅中 —→慢火炸至熟透倒出 3. 锅中加水（80克）、糖 —→小火将糖熬至挂霜 —→放入丸子翻匀 —→离火，让糖液温度降低 —→推动丸子，使丸子表面的糖液呈白霜状 —→出锅装盘
成菜特点	丸子色泽洁白如霜，酥脆甜香
温馨提示	1. 炸丸子时用小火，慢慢把熟猪肥膘肉中的油炸出来 2. 熬糖时火力要小，避免上色

[巩固提高]

> 课后认真记录菜肴制作的详细过程，做好训练笔记，并举一反三地进行类似菜肴的查询和练习。

拓展菜品

挂霜丸子

任务3 蜜汁

[任务要求]

1. 熟练掌握蜜汁的烹调方法，并能制作以下实习菜品。
2. 运用蜜汁的方法，拓展制作其他菜品。

[任务实施]

1）蜜汁山药 ★★★

使用原料	山药 500 克，糖 50 克，冰糖 150 克，蜂蜜 30 克，油 10 克
菜品图例	
切配流程	山药洗净去皮，切成长 3.5 厘米的段
烹制流程	1. 锅中加水烧开——▶放入山药煮至 8 成熟——▶过凉水 2. 锅中加油——▶放糖炒出糖色——▶加水、冰糖、蜂蜜、山药段——▶小火烧至入味——▶取出山药段摆盘 3. 锅中糖汁收浓——▶浇在山药上段即可
成菜特点	香甜绵软
温馨提示	1. 山药洗净去皮时要戴一次性手套，否则皮肤容易过敏 2. 注意火候，不要将山药烧烂，否则会影响其形状完整

[巩固提高]

　　课后认真记录菜肴制作的详细过程，做好训练笔记，并举一反三地进行类似菜肴的查询和练习。

2）蜜汁白果　★★

使用原料	白果（干）200克，冰糖80克，蜂蜜50克
菜品图例	
切配流程	白果（干）用水泡发
烹制流程	1. 锅中加水烧开——→放入白果（干）焯水倒出 2. 锅中加水将冰糖化开——→放入白果（干）烧开——→慢火熬煮——→待汤汁较浓稠时加入蜂蜜收汁——→出锅装盘
成菜特点	白果浓黄光亮，蜜甜可口
温馨提示	可加入桂花酱，味道更好

[巩固提高]

　　课后认真记录菜肴制作的详细过程，做好训练笔记，并举一反三地进行类似菜肴的查询和练习。

3）蜜汁火方　★

使用原料	火腿1块（约400克），通心白莲50克，冰糖150克，蜜饯青梅2颗，冰糖樱桃4颗，糖桂花2克，料酒50克，水淀粉5克
菜品图例	
切配流程	将火腿用火将其皮烧糊，放清水中用刀刮洗干净细毛和污渍，用热水清洗干净——→将火腿肉面朝上，用刀剞宽十字花刀，深度至肥膘的1/2
烹制流程	1. 通心白莲放在50℃的热水中浸泡后，放在碗内蒸酥，取出莲子 2. 火腿皮朝下放入碗中，用水浸没——→加入料酒25克、冰糖25克——→蒸1小时至火腿8成熟——→滗去汤水——→放入莲子——→加入料酒25克、冰糖75克，用水浸没——→蒸1.5小时——→将原汁滗入碗中，留用 3. 将火腿扣在汤盘里——→围上莲子，点缀上冰糖樱桃、蜜饯青梅 4. 锅中倒入原汁——→放冰糖50克煮沸、化开——→撇去浮沫——→用水淀粉勾薄芡——→加糖桂花——→浇在火腿和莲子上即成

续表

成菜特点	色泽火红，卤汁透明，火腿酥烂，滋味鲜甜，深有回味
温馨提示	1.火腿制作存放时间长，外皮干硬，烹制前需用火将皮烧煳，成品才皮酥可口 2.浇汁时要从边上围着向中间浇，这样比较均匀

[巩固提高]

　　课后认真记录菜肴制作的详细过程，做好训练笔记，并举一反三地进行类似菜肴的查询和练习。

拓展菜品　　诗礼银杏

[训练过程评价参考标准]

评分内容	标准分	扣分幅度	扣分原因		
质　感	55	1 ~ 30	主料过火或欠火 1 ~ 10	熬糖过火或欠火 1 ~ 20	口感不正 1 ~ 5
观　感	35	1 ~ 20	刀工不精 1 ~ 10	色泽不准 1 ~ 15	成型不美 1 ~ 5
卫生时间	10	1 ~ 8	生熟不分 1 ~ 5	成菜不卫生 1 ~ 5	操作时间超时 1 ~ 5
备　注	1.凡烹调方法错误或因各种原因造成菜品不能食用的，菜品评定为0分 2.各项扣分总数不超过该项目扣分幅度				

附 录

附录1

八大菜系代表菜

山东菜代表品种	广东菜代表品种
九转大肠  山东菜简称"鲁菜"，主要由济南风味、胶东风味和济宁风味构成。 主要特点：用料广泛，刀工精细，精于制汤，注重用汤，技法全面，讲究火候，以咸鲜为主，善用葱、姜，丰满实惠，雅俗皆宜。	脆皮鸡  广东菜简称"粤菜"，由广州风味、潮州风味、东江风味和港式风味构成。 主要特点：用料广博，做法独特，兼容并蓄，口味清鲜。
四川菜代表品种	江苏菜代表品种
泡椒鱼肚  四川菜简称"川菜"，以成都、重庆两地菜肴为代表。 主要特点：清鲜醇浓，麻辣鲜香，一菜一格，百菜百味。	江苏菜简称"苏菜"，由淮扬风味、金陵风味、苏锡风味和徐海风味的地方菜发展而成。其中扬州菜亦称淮扬菜，是指扬州、镇江、淮安一带的菜肴。 大煮干丝  主要特点：用料讲究，四季有别，刀工精细，刀法多变，重视火候，口味清鲜，咸中带甜。
福建菜代表品种	浙江菜代表品种
佛跳墙  福建菜简称"闽菜"，由福州、泉州、厦门等地发展起来，并以福州菜为代表。 主要特点：以海味为主要原料，注重甜酸鲜香，选料精细，刀工严谨，讲究火候，注重调汤，喜用佐料，口味多变。	龙井虾仁  浙江菜简称"浙菜"，主要由杭州、宁波、绍兴、温州菜4个流派组成，既各自带有浓厚的地方特色，又具有共同的特点。 主要特点：菜品丰富，菜式小巧玲珑，口味鲜美滑嫩，脆软清爽。
湖南菜代表品种	安徽菜代表品种
湖南菜简称"湘菜"，以湘江流域、洞庭湖区和向西山区的菜肴为代表发展而成。 剁椒鱼头  主要特点：用料广泛，油重色浓，多以辣椒、熏腊为原料，注重香鲜、酸辣、软嫩。	安徽菜简称"徽菜"，主要流行于徽州地区和浙江西部。 腌咸鳜鱼  主要特点：烹调方法上擅长烧、炖、蒸，而爆炒菜少，重油，重色，重火功。

附录 2

国家中式烹调师职业资格技能鉴定样题及评分表

《中式烹调师》（四级）操作技能鉴定试题单

试题代码：3.2.2

试题名称：红烧黄鱼

考生姓名：　　　　　　　　　准考证号：

考核时间：15 分钟

1. 操作条件

（1）原料（主料、辅料、特殊调料）自备

（2）烹饪操作料理台、炉灶锅具等相关设备工具

（3）盛器

2. 操作内容

制作菜肴：红烧黄鱼

3. 操作要求

（1）操作要求

原料不可在场外加工，必须现场烹制；操作熟练、规范、卫生、安全，遵守考场纪律，不超时。

（2）成品要求

色泽：鱼身大翻锅后正面朝上；鱼身煎成浅红色、光滑；芡汁光亮，呈酱红色；明油适量。

形态：鱼身完整，鱼皮不破，分量适宜；芡汁适量，分布均匀；头盖皮除尽，内脏摘除合理；盛器选用合适；装盘美观大方。

香味：酱香气浓郁，黄鱼鲜香气重，葱、姜辛香，无鱼腥气味，无枯焦或不良气味。

口味：鱼肉清淡，芡汁咸鲜带甜，无鱼膻味，无异味。

质感：原料新鲜，鱼肉滑嫩，芡汁滋润醇厚，无不熟或枯焦现象。

《中式烹调师》（四级）操作技能鉴定试题评分表

考生姓名：　　　　　　　　　　准考证号：

试题名称编号		3.2.2　红烧黄鱼			考核时间				15 分钟	
评价要素		配分	等级	评分细则	评定等级					得分
					A	B	C	D	E	
1	色泽： 1. 鱼身大翻锅后正面朝上 2. 鱼身煎成浅红色、光滑 3. 芡汁光亮，呈酱红色 4. 明油适量	1	A	符合要求						
			B	符合 3 项要求						
			C	符合 2 项要求						
			D	符合 1 项要求						
			E	差或未答题						
2	形态： 1. 鱼身完整，鱼皮不破，分量适宜 2. 芡汁适量，分布均匀 3. 头盖皮除尽，内脏摘除合理 4. 盛器选用合适 5. 装盘美观大方	1	A	符合要求						
			B	符合 4 项要求						
			C	符合 3 项要求						
			D	符合 1～2 项要求						
			E	差或未答题						
3	香味： 1. 酱香气浓郁 2. 黄鱼鲜香气重 3. 葱、姜辛香 4. 无鱼腥气味 5. 无枯焦或不良气味	2	A	符合要求						
			B	符合 4 项要求						
			C	符合 3 项要求						
			D	符合 1～2 项要求						
			E	差或未答题						
4	口味： 1. 鱼肉清淡 2. 芡汁咸鲜带甜 3. 无鱼膻味 4. 无异味	4	A	符合要求						
			B	符合 3 项要求						
			C	符合 2 项要求						
			D	符合 1 项要求						
			E	差或未答题						
5	质感： 1. 原料新鲜 2. 鱼肉滑嫩 3. 芡汁滋润醇厚 4. 无不熟或枯焦现象	2	A	符合要求						
			B	符合 3 项要求						
			C	符合 2 项要求						
			D	符合 1 项要求						
			E	差或未答题						
合计配分		10		合计得分						
备　注			否决项：原材料新鲜，否则本试题（含过程和结果评分）即为 E							

等　级	A（优）	B（良）	C（及格）	D（较差）	E（差或未答题）
比　值	1.0	0.8	0.6	0.2	0

"评价要素"得分＝配分 × 等级比值

考评员（签名）

参考文献

［1］周建东 . 中式烹调技术 [M]. 太原：北岳文艺出版社，2016.

［2］徐先恕，孔凡林 . 中式烹调技术 [M]. 长沙：中南大学出版社，2019.

［3］刘雪峰 . 中式烹调师（高级技师）培训教程 [M]. 北京：中国轻工业出版社，2015.

［4］庄永全，王振才 . 中式热菜制作 [M]. 2 版 . 北京：高等教育出版社，2009.

［5］黑伟钰 . 标准鲁菜 [M]. 济南：山东教育出版社，2013.

［6］牛国平，牛翔 . 舌尖上的八大菜系 [M]. 北京：化学工业出版社，2020.

［7］牛国平，牛翔 . 烹饪刀工技巧图解 [M]. 长沙：湖南科学技术出版社，2013.

［8］陈勇 . 中餐烹饪基础 [M]. 重庆：重庆大学出版社，2013.

［9］江泉毅 . 食品雕刻 [M]. 3 版 . 重庆：重庆大学出版社，2020.